超高性能混凝土
基本性能与试验方法

赵　筠　师海霞　路新瀛　主编

中国建材工业出版社

图书在版编目（CIP）数据

超高性能混凝土基本性能与试验方法/赵筠，师海霞，路新瀛主编. --北京：中国建材工业出版社，2019.6（2020.8 重印）

ISBN 978-7-5160-2565-9

Ⅰ.①超… Ⅱ.①赵… ②师… ③路… Ⅲ.①高强混凝土-性能 ②高强混凝土-试验方法 Ⅳ.①TU528.31

中国版本图书馆 CIP 数据核字（2019）第 099023 号

内 容 简 介

本书为《超高性能混凝土基本性能与试验方法》（T/CBMF 37—2018）（即 T/CCPA 7—2018）的技术支撑资料汇总，包括超高性能混凝土的性能分析与标准化，在应用中需要注意的问题、材料性能与取值建议，平行实验与结果分析等内容。本书可作为 T/CBMF 37—2018 标准的技术说明及创新超高性能水泥基复合材料参考之用。

超高性能混凝土基本性能与试验方法

Chaogao Xingneng Hunningtu Jiben Xingneng yu Shiyan Fangfa

赵 筠 师海霞 路新瀛 主编

出版发行：中国建材工业出版社

地　　址：北京市海淀区三里河路 1 号
邮　　编：100044
经　　销：全国各地新华书店
印　　刷：北京雁林吉兆印刷有限公司
开　　本：787mm×1092mm　1/16
印　　张：7.75
字　　数：180 千字
版　　次：2019 年 6 月第 1 版
印　　次：2020 年 8 月第 2 次
定　　价：98.00 元

前　　言

超高性能混凝土（以下简称 UHPC）作为现在和未来的重要水泥基工程材料，在国内外得到了广泛关注。经过四十多年的研究与发展，UHPC 已进入实用化阶段，它也使得水泥基复合材料向着高强、高韧、高耐久方向不断迈进。当前，欧洲的 UHPC 技术相对成熟，日本、韩国、马来西亚、美国、加拿大等国紧随其后。从市场角度看，中国潜力最大。然而，我们在 UHPC 的标准化方面还未跟上时代步伐，应在较短时间内补上这一"短板"，为 UHPC 的应用和发展搭桥铺路。

过去二十年，我国一些高校、科研机构、生产和施工单位在 UHPC 的制备、性能表征与工程应用方面做了大量工作，如今相关工作正在蓬勃开展，不仅有望成长为一个新兴产业，也会促进一部分水泥制品升级换代。随着近年国内 UHPC 产品的不断推出，在结构设计、施工、质检、验收等环节，因缺乏相应标准而产生的困扰日益凸显，某种程度上阻碍了 UHPC 工程应用的进程，建立相应的系列标准势在必行。

为促进我国 UHPC 的制备与工程应用，提升该领域的整体技术水平，保证行业有序发展，中国混凝土与水泥制品协会（CCPA）率先组织编制了有关 UHPC 的技术标准。中国建筑材料联合会（CBMF）和 CCPA 联合编制的《超高性能混凝土基本性能与试验方法》（T/CBMF 37—2018）（亦即 T/CCPA 7—2018，以下简记为 T/CBMF 37—2018）现已颁布实施；有关 UHPC 结构设计、现浇施工和预制生产等技术规范也正紧锣密鼓地编制中。

T/CBMF 37—2018 主要规定了 UHPC 材料的基本性能与分级以及相应的试验方法。本书汇集了针对该标准编制而开展的部分相关工作，可作为该标准的背景材料及应用导读。全书共分 4 章，其中：

第 1 章为《超高性能混凝土基本性能与试验方法》（T/CBMF 37—2018）标准全文，由编制组共同完成。

第 2 章为超高性能混凝土的性能分析与标准化，简要回顾了 UHPC 的发明、制备原理与发展历程；分析了 UHPC 的性能特征与其他水泥基材料的异同；对比了现行的 UHPC 国际标准；阐明了 T/CBMF 37—2018 的编制理念与原则。本章内容由赵筠、师海霞执笔。

第 3 章为超高性能混凝土应用中需要关注的问题、材料性能与取值建议，概述了 UHPC 的定义、名称和性能特征，补充了 T/CBMF 37—2018 "基本性能" 中未包含的其他特性、应用中需要关注的问题、材料性能与取值建议及质量控制部分内容，可作为结构设计、现浇施工和预制生产规范的部分参考。第 3.1～3.5，3.8～3.10，3.13～3.15 节及本书附录由赵筠执笔；第 3.6～3.7，3.11～3.12 节由路新瀛执笔。

第 4 章为超高性能混凝土的平行试验与结果分析，是 T/CBMF 37—2018 编制时所开展的 "平行试验" 的数据汇总与分析报告，同时也简要介绍了该标准的编制历程，由路新瀛、师海霞执笔。

需要说明的是，已发布的和在编的 UHPC 国外标准多处于初级使用和不断完善阶段，我国的 T/CBMF 37—2018 标准更是如此。由于我国目前可用于支持 UHPC 标准编制的实际工程数据还十分缺乏，加上编制人员的能力和水平有限，T/CBMF 37—2018 标准还存在许多不足之处，诚恳期望读者和应用单位批评指正，以便后续补充、完善。标准编制组也期望该标准能起到抛砖引玉的作用，为我国 UHPC 产业发展及推广应用添砖加瓦。

T/CBMF 37—2018 编制组

2019 年 3 月 20 日

目　　录

第 1 章

超高性能混凝土基本性能与试验方法
(T/CBMF 37—2018)
(T/CCPA 7—2018)

目　　次

前　　言

本标准按照 GB/T 1.1—2009 的规则起草。

本标准由中国建筑材料联合会和中国混凝土与水泥制品协会共同提出并归口。

本标准负责起草单位：清华大学、江西贝融循环材料股份有限公司、南京倍立达新材料系统工程股份有限公司。

本标准参加起草单位：哈尔滨工业大学、福州大学、武汉大学、西交利物浦大学、同济大学、华南理工大学、北京市市政工程研究院、广东盖特奇新材料科技有限公司、建华建材（中国）有限公司、江苏苏博特新材料股份有限公司、中交第二航务工程局有限公司、山东省交通科学研究院、哈尔滨松江混凝土构件有限公司、江西省建筑材料工业科学研究设计院、华新水泥股份有限公司、中建西部建设股份有限公司、北京市高强混凝土有限责任公司、北京市燕通建筑构件有限公司、北京惠诚基业工程技术有限责任公司、赣州大业金属纤维有限公司、上海真强纤维有限公司、广州市玖珂瑭材料科技有限公司、埃肯国际贸易（上海）有限公司、山东大元实业股份有限公司、上海复培新材料技术有限公司、北京城建集团有限责任公司。

本标准主要起草人：路新瀛、赵筠、曾庆东、张庆欢、樊建生、吴香国、师海霞、何真、鲁亚、黄卿维、黄伟、张国志、肖敏、刘福财、刘建忠、薛会青、郭保林、季学阳、夏骏、袁慧雯、朱雪峰、黄劲、孙启力、张孝臣、齐广华、蒋睿、蔡亚宁、赵顺增、金伟华、赵文成、王俊颜、陈飞翔、杨医博、王恒昌、刘松柏、李海卿、柴天红、赵志刚、王增浩、韩治健、闫洋洋、谭洪光、杨荣俊、任恩平、刘华明、李文成、王阳、谢广宪、刘兆祥、宋四根、柯雄、杨磊、都清、周瑞华、季龙泉、李飞、戚德海、杨树桐、范忠辉、夏春蕾、苟德胜、姜瑞双、李路帆、张敦谱、刘加平、陈宝春、唐振中。

本标准主要审查人：徐永模、周丽玮、张君、丁建彤、黄政宇、方志、包琦玮、杨思忠、谢永江、奚飞达、周永祥、张涛、王军、周志敏。

本标准为首次发布。

超高性能混凝土基本性能与试验方法

1 范围

本标准规定了超高性能混凝土的术语和符号、基本性能与分级及试验方法。

本标准适用于超高性能混凝土的基本性能分级与检验。

2 规范性引用文件

下列文件对于本文件的应用是必不可少的。凡是注日期的引用文件，仅所注日期的版本适用于本文件。凡是不注日期的引用文件，其最新版本（包括所有的修改单）适用于本文件。

GB/T 50081　普通混凝土力学性能试验方法标准

3 术语和符号

3.1 术语

3.1.1

超高性能混凝土　ultra-high performance concrete

超高性能混凝土是指兼具超高抗渗性能和力学性能的纤维增强水泥基复合材料。

3.1.2

抗渗性能　impermeability

混凝土抵抗流体或离子在其中传输的能力。本标准用氯离子扩散系数表征。

3.1.3

弹性极限抗拉强度　elastic limit tensile strength

单轴拉伸试验过程中试件达到弹性极限时所对应的拉应力。即拉应力-应变曲线上由线性转为非线性的转折点所对应的拉应力。

注：图1中 A 点对应的拉应力 f_{te} 即为弹性极限抗拉强度。

3.1.4

应变硬化　strain hardening

单轴拉伸试验过程中试件的拉应力超过弹性极限抗拉强度后，拉应力随应变增大而不下降的现象。

注：图1中线段 AD、AF、AG 均为应变硬化。

3.1.5

应变软化　strain softening

单轴拉伸试验过程中试件的拉应力超过抗拉强度后，拉应力随应变增大而连续下降的现象。

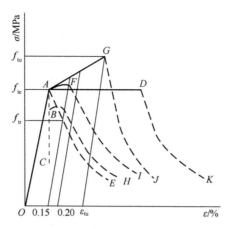

图 1　拉伸应力-应变曲线示意图

注 1：图 1 中线段 AE、BH、DK、FI、GJ 均为应变软化。

注 2：图 1 中线段 AC 为脆断，不属于应变软化。

3.1.6

预混料　premix

由水泥、矿物掺和料和/或骨料按级配或性能要求而配制的干粉料。预混料中可含有化学外加剂。除非要求，预混料中一般不含纤维；纤维宜单独包装。

3.2　符号

D_{Cl}——氯离子扩散系数，单位为平方米每秒（m^2/s）；

f_{cu}——立方体抗压强度，单位为兆帕（MPa）；

f_{te}——弹性极限抗拉强度，单位为兆帕（MPa）；

f_{tr}——规定变形值下所对应的拉伸强度，单位为兆帕（MPa）；

f_{tu}——抗拉强度，单位为兆帕（MPa）；

ε_{tu}——峰值拉应变。

4　基本性能与分级

4.1　基本性能要求

4.1.1　超高性能混凝土应同时满足所规定的抗渗性能和抗拉性能等级要求。

4.1.2　对抗压性能有要求的，超高性能混凝土还应同时满足所规定的抗压性能等级要求。

4.2　抗渗性能分级

按表 1 对超高性能混凝土的抗渗性能进行分级。

表 1　抗渗性能分级

参数	要求	
	UD20	UD02
$D_{Cl}/(\times 10^{-14}\,m^2/s)$	$2.0 < D_{Cl} \leqslant 20$	$\leqslant 2.0$

4.3 抗拉性能分级

4.3.1 按表 2 对超高性能混凝土的抗拉性能进行分级。

4.3.2 同一等级中所列出的指标应同时满足；否则，应降级。

注：如 $f_{te}=8.5$MPa，但 $f_{tu}/f_{te}=1.0$，或 $\varepsilon_{tu}=0.10\%$，则等级应为 UT05，不应为 UT07。

4.3.3 表 2 中的 UT05 等级允许应变软化，且当变形达到 0.15% 时，对应的拉伸强度 f_{tr} 宜不小于 3.5MPa。

注：$f_{te}>5.0$MPa，有应变硬化行为，但不满足 UT07 等级指标要求时，应归于 UT05 等级，如 $f_{te}=7.0$MPa，$f_{tu}/f_{te}=1.1$，但 $\varepsilon_{tu}=0.10\%$ 时。

表 2 抗拉性能分级

参数	要求		
	UT05	UT07	UT10
f_{te}/MPa	$\geqslant 5.0$	$\geqslant 7.0$	$\geqslant 10.0$
f_{tr}/MPa	$\geqslant 3.5$	—	—
f_{tu}/f_{te}	—	$\geqslant 1.1$	$\geqslant 1.2$
ε_{tu}/%	—	$\geqslant 0.15$	$\geqslant 0.20$
注：表中 f_{tr} 为变形达到 0.15% 时对应的拉伸强度。			

4.4 抗压性能分级

按表 3 对超高性能混凝土的抗压性能进行分级。

表 3 抗压性能分级

参数	要求		
	UC120	UC150	UC180
f_{cu}/MPa	$120\leqslant f_{cu}<150$	$150\leqslant f_{cu}<180$	$180\leqslant f_{cu}<210$

4.5 分级标记

按超高性能混凝土的抗渗透性能等级、抗拉性能等级、抗压性能等级顺序对混凝土的性能进行分级标记。各类分级中重复的"U"字符，只保留首个；各类分级间空一格。

示例1：UD02 T10 表示超高性能混凝土满足抗渗性能 UD02 等级和抗拉性能 UT10 等级要求。

示例2：UD02 C180 表示超高性能混凝土满足抗渗性能 UD02 等级和抗压性能 UC180 等级要求。

示例3：UD02 T10 C180 表示超高性能混凝土满足抗渗性能 UD02 等级、抗拉性能 UT10 和抗压性能 UC180 等级要求。

5 试验方法

5.1 试验环境及基本要求

5.1.1 试验环境条件和试验基本要求应满足 GB/T 50081 的相关规定。

5.1.2 试件制作和养护除满足本标准规定外，对本标准未作规定的，还应满足 GB/T

50081 的相关规定。

5.2　试件制备

5.2.1　仪器设备

应满足 GB/T 50081 的相关规定。

5.2.2　搅拌

按以下方式之一对超高性能混凝土进行搅拌：

a）变速强制搅拌：采用可调速强制式搅拌机进行搅拌。根据所用纤维的种类和掺量，总搅拌时间宜控制在 5min～15min 内。可采用如下搅拌程序：首先中速干拌水泥及其他粉料 0.5min～2min；然后加入 2/3 的水和全部减水剂，搅拌至拌合物呈面团状；然后加入剩余的水，快速搅拌 1min～2min，直至胶凝材料和外加剂充分分散并混合均匀；之后，慢速搅拌，同时均匀加入纤维，全部加入纤维后慢速搅拌 1min～3min。

b）定速强制搅拌：采用定速强制式搅拌机搅拌，加料顺序宜符合 5.2.2（1）中的规定，每段搅拌时间宜根据拌合物的流动状态适当调整。总搅拌时间宜控制在 20min 内。

c）其他方式搅拌：采用逆流式、振动式搅拌机或其他方式搅拌时，加料顺序和搅拌时间可根据实际情况进行调整。

d）预混料的搅拌：采用预混料的，宜按预混料使用说明书中的要求进行搅拌。

5.2.3　成型

按以下要求对超高性能混凝土试件进行成型：

a）对于坍落扩展度介于 700mm～900mm 的拌合物，宜从试模的一侧开始浇筑，一次浇筑完毕，不宜振动成型。

b）对于坍落扩展度介于 500mm～700mm 的拌合物，宜根据试件厚度分层浇筑，且控制每层厚度不宜大于 30mm。每层浇筑后，可用橡胶锤轻敲侧模排除气泡。

c）对于坍落扩展度小于 500mm 的拌合物，宜根据试件厚度分层浇筑，每层厚度不宜超过 50mm。在每层浇筑后，可在振动台上振动 5s～15s 以排除气泡。

d）对于实际应用中采用挤压、喷射等其他方式成型的混凝土，成型方式宜与实际应用一致，通过切割和机械加工，制备出满足本标准规定尺寸的试件。

5.2.4　养护

按以下要求对超高性能混凝土试件进行养护：

a）混凝土试件成型后，应立即在试模表面覆盖塑料薄膜，避免水分散失；

b）采用以下标准蒸汽养护、标准常温养护或非标准养护方式之一对混凝土试件进行养护：

1）标准蒸汽养护：在 GB/T 50081 规定的试验环境下，静停 24h 后脱模；将脱模后的试件放入蒸养箱，以不超过 15℃/h 的速率升温至 90℃±1℃，恒温 48h，然后以不大于 15℃/h 的速率降温至 20℃±5℃。

2）标准常温养护：按 GB/T 50081 规定的标准养护。

3）非标准养护：采用与施工现场同条件的养护方式进行养护，或其他规定条件下的养护。采用非标准养护方式的，应注明试件试验前的养护条件，包括脱模前后的养护温度、湿度、表面覆盖及存放时间等信息。

5.3 试验龄期

5.3.1 采用标准蒸汽养护的试件试验龄期宜为 7d。标准蒸汽养护后的试件应在 GB/T 50081 规定的试验环境下存放至试验龄期。

5.3.2 采用标准常温养护的试件试验龄期宜为 28d。

5.3.3 采用非标准养护的试件试验龄期可单独约定，应在试验报告中注明。

5.4 性能测定

5.4.1 超高性能混凝土的抗渗性能按附录 A 进行测定。

5.4.2 超高性能混凝土的抗拉性能按附录 B 进行测定。

5.4.3 超高性能混凝土的抗压性能按 GB/T 50081 进行测定，且满足：

a）标准立方体试件尺寸为 100mm×100mm×100mm，每组 6 个试件。取与平均值偏差小于 15% 的试件平均值作为测定值。与平均值偏差小于 15% 的试件数量不应低于 4 个；否则，应重新进行试验。

b）测定结果折算成 150mm×150mm×150mm 立方体抗压强度时，乘以 1.0。

附录 A

（规范性附录）

抗渗性能试验方法

A.1　总则

A.1.1　本附录规定了超高性能混凝土的抗渗性能试验方法。

A.1.2　本方法适用于不含导电物质的混凝土。

A.1.3　对于含钢纤维、碳纤维或其他导电物质的超高性能混凝土，应采用去除导电物质的拌合物试件进行试验。

A.2　试验原理

将待测混凝土试件按 A.7.2 进行真空饱盐，测定其电导率；利用 Nernst-Einstein 方程，由饱盐试件电导率计算其中的氯离子扩散系数。

A.3　试件尺寸和数量

A.3.1　试件尺寸：厚度为 50mm ±1.0mm；截面为 100mm ×100mm 或 ϕ100mm。

A.3.2　试件数量：每组 3 块。

A.4　试件制作

按 5.2 进行试件制备。

如图 A.1，将满足 A.3.1 截面尺寸的混凝土长方体或圆柱体，沿其长度方向，去除其端部的 20mm；然后再依次切取满足 A.3.1 规定厚度的待测试件。待测试件的两截面应平行、平整，且在 A.5.2 的电极测试区域内不应含有尺寸超过 1mm 的气泡。

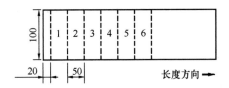

说明：

1,2,3,4,5,6——试件编号

图 A.1　试件制作示意图

A.5　试验仪器及装置

A.5.1　真空饱盐设备由干式真空泵、真空室、气路和水路、手动或自动控制装置组成，可在−0.08MPa真空度下稳定工作。所有气路、水路及控制管路均应耐氯离子腐蚀。

A.5.2　试件夹具应用绝缘材料制备，其上应设有上下对中的 ϕ50mm 两紫铜电极，两紫铜电极间的上下间距应可调，以便于取放待测试件。

A.5.3 试验设备宜选用直流电导量程为 $0.5\mu S \sim 10mS$ 的全自动试验设备。可选用以下测量范围的半自动设备：

    a) 直流电压输出范围：$50mV \sim 5.0V$；

    b) 直流电流测量范围：$1.0\mu A \sim 50mA$；

    c) 测量精度：在 $-20℃ \sim 85℃$ 内，$\leqslant 1.0\%$。

A.6 设备校准

A.6.1 校准方法

将 0.1% 精度的 $1k\Omega$、$10k\Omega$、$100k\Omega$ 精密电阻，以及 1.0% 精度的 $500k\Omega$、$1M\Omega$、$2M\Omega$ 电阻依次接入试验设备的两测量端，且满足：

    a) 全自动设备：在设备校准模式下，测定的电阻值应与被测校准电阻的数值和精度一致；

    b) 半自动设备：在 2.0V 及 4.0V 下，测定的电阻值应与被测校准电阻的数值和精度一致。

A.6.2 校准频次

同批试件测量前应校准一次；设备工作状态或测定结果出现异常时，应进行校准。

A.7 试验步骤

A.7.1 溶液配制

用分析纯 NaCl 和蒸馏水，配制浓度为 4.0mol/L 的 NaCl 溶液，静置 24h 后备用。

A.7.2 真空饱盐

将待测试件垂直放于真空室中，在试样表面垂直放置一液位传感器（若为透明容器，则无需设置），然后开启真空泵和气路开关，干抽真空；在小于 $-0.08MPa$ 的真空度下，干抽 6h；之后，断开气路，打开水路开关，将 4.0mol/L 的 NaCl 溶液注入真空室，至液位指示灯熄灭（若为透明容器，观察至溶液没过试样顶面）时停止；关闭水路开关，重新打开气路开关，湿抽真空，维持真空度在 $-0.08MPa$ 以下。以开始干抽真空至 $-0.08MPa$ 时作为计时起点，总的抽真空时间为 24h。

A.7.3 氯离子扩散系数测定

A.7.3.1 试件安放

将饱盐后的待测试件从真空室取出，用干净毛巾将试件所有表面擦干，然后放入上下对中的两紫铜电极间，确保两紫铜电极与待测试件的上下表面良好电接触。

> 注：可用滴管在与试件底面接触的电极表面中心以及试件顶面中心各滴 1 滴饱盐溶液，以消除接触电阻，保证电极与试件的良好电接触。

A.7.3.2 全自动设备测定

由仪器直接提供待测试件的电导率和氯离子扩散系数，显示、存储或打印。

A.7.3.3 半自动设备测定

可从 1.0V 开始，按 0.5V 或 1.0V 的间隔，对待测试件由小到大施加直流电压，至 5.0V；记录流过两电极间的稳定直流电流，按式（A.1）、式（A.2）计算各施加电压下试件中的饱盐电导率和氯离子扩散系数：

$$\sigma_i = \frac{I_i}{V_i} \cdot \frac{L}{\pi r^2} \quad\cdots\cdots\cdots\cdots\cdots\cdots\cdots\cdots\cdots\cdots\cdots (\text{A. 1})$$

$$D_i = \frac{R t_{\text{Cl}}}{z^2 F^2 C} \times \sigma_i \times T \quad\cdots\cdots\cdots\cdots\cdots\cdots\cdots\cdots\cdots (\text{A. 2})$$

式中：

σ_i——V_i 电压下测得的试件电导率，保留两位有效数字，单位为西门子每米（S/m）；

I_i——对应于施加 V_i 的直流电流，单位为安培（A）；

V_i——施加在试样上的直流电压，单位为伏特（V）；

L——试样厚度，为 5.0×10^{-2} m；

r——紫铜电极半径，为 2.5×10^{-2} m；

D_i——V_i 电压下的氯离子扩散系数，保留两位有效数字，单位为平方米每秒（m²/s）；

R——气体常数，为 8.314J/(mol·K)；

t_{Cl}——氯离子迁移数，取为 1.0；

z——氯离子化合价，为 -1；

F——法拉第常数，为 96500C/mol；

C——氯离子浓度，取饱盐溶液浓度 4.0×10^3 mol/m³；

T——试验环境温度，单位为开尔文（K），如为 25℃，则 $T = 273.15 + 25 = 298.15$K。

示例：25℃下，施加直流电压 5.0V，测得直流电流为 0.5mA，计算出的饱盐试件电导率约为 2.5×10^{-3} S/m、氯离子扩散系数约为 17×10^{-14} m²/s。

A.8　结果计算

A.8.1　全自动设备

计算 3 个试件测量结果的平均值，若其中 2 个或以上测量结果与平均值之差在 15% 以内，则取偏差在 15% 以内的测量结果的平均值作为被测混凝土中的氯离子扩散系数 D_{Cl}，保留两位有效数字；若其中 2 个或以上测量结果与平均值之差超过 15%，应重新制样进行试验，或取其中最大值作为被测混凝土的测定值 D_{Cl}。

A.8.2　半自动设备

对于每个试件，宜在不少于 5 个电压值下进行测定，取测量结果与平均值相差在 10% 以内的 D_i 进行平均，作为该试件的测定值，记为 D_j。

计算 3 个试件测定值 D_j 的平均值，若其中 2 个或以上测定值 D_j 与平均值之差在 15% 以内，则取偏差在 15% 以内的平均值作为被测混凝土中的氯离子扩散系数 D_{Cl}，保留两位有效数字；若其中 2 个或以上测定值与平均值之差超过 15%，应重新制样进行试验，或取其中最大的 D_j 值作为被测混凝土的测定值 D_{Cl}。

A.9　试验报告

A.9.1　试验报告按 GB/T 50081 的有关规定进行编制。

A.9.2　试验报告中记录原始测定数据、被测混凝土试件的饱盐电导率和氯离子扩散系数。

附录 B
（规范性附录）
抗拉性能试验方法

B.1 总则

B.1.1 本附录规定了超高性能混凝土的抗拉性能试验方法。

B.1.2 本方法适用于超高性能混凝土的弹性极限抗拉强度、弹性极限拉应变、抗拉强度、峰值拉应变和抗拉弹性模量的测定。

B.2 试件尺寸和数量

B.2.1 试件分两种：预埋栓钉试件和无栓钉试件。

B.2.1.1 预埋栓钉试件尺寸见图 B.1a)。

B.2.1.2 无栓钉试件尺寸见图 B.1b)。

B.2.2 试件数量：每组 6 个。

单位为毫米

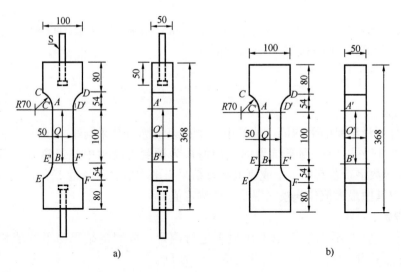

a)   b)

说明：

A、*B*——测量标距点，间距为100mm±0.1mm;

A'、*B'*——测量标距点，间距为100mm±0.1mm;

C'D'CD、*E'F'EF*——引伸仪固定架安装位置区域;

O——成型试件底面的中心点;*O'*——成型试件侧面的中心点;

S——高强钢拉杆，根据拉力试验机夹头规格，可选ϕ16mm~ϕ22mm、长度不小于 100mm 的标准栓钉，也可自行设计加工；拉杆埋深为50mm。

A'、*B'*点及其对称点位置为引伸仪测量位置;*O*、*O'*点及其对称点为应变片粘贴位置,*A*、*B*点及其对称点处也可粘贴应变片。

*CC'*和*EE'*、*DD'*和*FF'*弧线分别与*C'E'*、*D'F'*直线相切。

图 B.1 试件尺寸示意图

B.3　试件制作

B.3.1　试模加工

B.3.1.1　预埋栓钉试件试模

按图 B.2 加工试模。试模内表面加工粗糙度 Ra 不宜大于 $1.6\mu m$，各模板加工公差不宜大于 $\pm 0.002mm$。两端板中心的拉杆穿孔应严格对中，保证试件成型后两端拉杆中心偏心不超过 0.2mm。

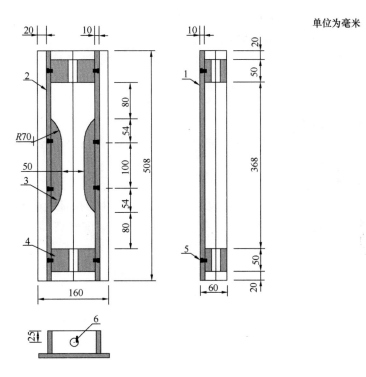

单位为毫米

说明：

1——底板；

2——侧模板；

3——带弧内侧板，弧面与其直平面相切，直平面长度为 100mm±0.1mm；

4——带孔端板；

5——定位螺丝；

6——高强钢拉杆穿孔，其直径与拉杆直径之差不宜大于 0.4mm。

拉杆应由端板顶面的定位螺丝 5 固定。

模具宜采用模具钢，刷涂薄层黄油或机油进行防腐，可兼作脱模剂。

可在底板两端设置把手，以利于搬动。

图 B.2　预埋栓钉试件试模示意图

B.3.1.2　无栓钉试件试模

将图 B.2 中的带孔端板改为无孔端板。无孔端板厚度宜为 10mm～20mm；底板和侧模板长度宜根据无孔端板厚度变化而相应缩短。

13

B.3.2 试件制作

试件的浇筑、成型、养护按本标准第 5 章中有关规定进行。

B.4 试验仪器

试验仪器应满足 GB/T 50081 中轴向拉伸试验方法的要求，其中，拉力试验机可按位移控制模式进行加载。

B.5 试验步骤

B.5.1 应变片粘贴及引伸仪安装

宜于试验前将试件在规定试验环境中自然干燥 1d。然后根据试验要求，按图 B.1 中的说明，用 502 或其他快干胶在试件两侧面和试件成型底面粘贴应变片；用固定架在试件两侧面安装引伸仪。

B.5.2 试件安装

B.5.2.1 预埋栓钉试件安装

将预埋栓钉试件上、下任意一端与试验机夹头固定，然后升降拉力试验机至合适高度，调整试件朝向，将试件另一端固定。

B.5.2.2 无栓钉试件安装

如图 B.3 所示，将无栓钉试件 4 放置于两试件夹具 1 中，保证两试件夹具的连接件 2 与无栓钉试件 4 的中轴线一致并对中。在无栓钉试件 4 与试件夹具 1 之间放置厚度为

单位为毫米

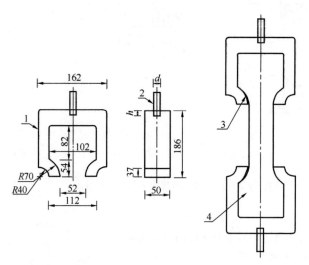

说明：
1——无栓钉试件夹具；
2——无栓钉试件夹具与试验机夹头的连接件，它与无栓钉试件夹具 1 垂直固接；宜为螺杆或钢板；
    尺寸 d 和 h 根据试验机夹头要求而定；
3——厚 0.7mm～1.0mm 的铝垫片；
4——无栓钉试件。

图 B.3 无栓钉试件夹具及其与无栓钉试件的组装示意图

0.7mm～1.0mm 的铝垫片 3；铝垫片 3 的尺寸和形状，与试件夹具 1 和无栓钉试件 4 的接触面相同。

将如图 B.3 中组装好的待测试件上端与拉力试验机的上夹头固定，升降拉力试验机至合适高度，调整无预埋栓钉试件朝向，将组装好的待测试件下端固定。

B.5.3　偏心检查

首先确保各应变片、引伸仪正常工作，并调零；然后对试件施加小于 3kN 的拉力，读取各应变片读数，计算试件偏心率，计算公式见 GB/T 50081 的轴向拉伸试验方法；调整试件，使试件偏心率不超过 15%。

B.5.4　加载及拉伸程序设定

B.5.4.1　加载模式分为荷载控制加载、位移控制加载和混合分段加载：

B.5.4.1.1　荷载控制加载：试件对中后，以 0.1MPa/s 的加载速率加载至试件拉断。

B.5.4.1.2　位移控制加载：试件对中后，在试件开裂前，按 0.06mm/min 的加载速率进行加载；试件开裂后至最大拉力前，按 0.2mm/min 的加载速率进行加载；达到最大拉力后，按 0.5mm/min 的加载速率进行加载，至试件拉断。

B.5.4.1.3　混合分段加载：试件对中后，按荷载控制加载模式加载至试件开裂，然后按试件开裂后的位移控制加载模式加载至试件拉断。

B.5.4.2　采用位移控制加载模式时，可先按 0.2mm/min 的加载速率对一个试件加载至试件拉断；之后，按 B.6 计算该试件的弹性极限抗拉强度和抗拉强度，根据计算结果，设定其余试件的拉伸程序。

B.5.5　应力-应变及荷载-位移曲线记录

采用电脑同步记录试件拉伸过程中的荷载、应变及引伸仪的位移。试件开裂前，数据采样频率宜不小于 2Hz；试件开裂后，数据采样频率宜不小于 5Hz。

B.5.6　有效拉伸试件判定

B.5.6.1　裂纹落在图 B.1 中 AB 或 $A'B'$ 标距内的试件为有效拉伸试件。当有效拉伸试件数量不少于 3 个时，该组试验结果有效，取有效试件测定结果的平均值作为该组混凝土的测定值；否则，应重新进行试验。

B.5.6.2　如果预埋栓钉试件的有效拉伸试件数量难以达到 3 个以上，且裂纹落在标距以外时，可在预埋栓钉试件两端粘贴碳纤维布或采取其他加强措施重新进行试验；或尝试改用无栓钉试件进行试验。

B.6　结果计算

B.6.1　弹性极限抗拉强度

在应变片记录的应力-应变曲线中，取由线性转为非线性的点作为弹性极限点，该点所对应的拉应力即为弹性极限抗拉强度。当弹性极限点不明显时，取 200 微应变对应的拉应力作为弹性极限抗拉强度。

取同一试件上各应变片测量结果的中间值作为该试件的测定值，取有效拉伸试件的平均值作为该组混凝土的测定值。

B.6.2　抗拉弹性模量和弹性极限拉应变

由各应变片记录的应力-应变曲线，按 GB/T 50081 轴向拉伸试验方法的规定，计算出每条曲线对应的弹性模量，取中间值作为该被测试件的抗拉弹性模量。

取有效拉伸试件弹性模量的平均值作为该组混凝土的抗拉弹性模量。

由 B.6.1 得到的该组混凝土的弹性极限抗拉强度除以抗拉弹性模量即得该组混凝土的弹性极限拉应变。取 200 微应变确定弹性极限强度的，其弹性极限拉应变记为 200 微应变。

B.6.3　抗拉强度与峰值拉应变

试件的抗拉强度为最大拉力除以试验前测量的标距中心初始截面面积，对应抗拉强度的应变即为峰值拉应变。可按 GB/T 50081 中轴向拉伸试验方法的规定，由应力-应变曲线或荷载-位移曲线确定并计算试件的抗拉强度和峰值拉应变。

取各应力-应变曲线或荷载-位移曲线计算出的抗拉强度中间值作为被测试件的抗拉强度。取各峰值拉应变的中间值，作为被测试件的峰值拉应变。

取有效拉伸试件的抗拉强度、峰值拉应变的平均值作为该组混凝土的抗拉强度和峰值拉应变。

B.7　试验报告

B.7.1　试验报告按 GB/T 50081 的有关规定进行编制。

B.7.2　提供各试件测试中间值所对应的应力-应变或荷载-位移曲线，在曲线上标示出弹性极限抗拉强度和抗拉强度的取值点；标明加载模式。

B.7.3　提供被测混凝土的弹性极限抗拉强度、弹性极限拉应变、抗拉强度、峰值拉应变和抗拉弹性模量。

第 2 章

超高性能混凝土的性能分析与标准化

2.1 概述

本章介绍了为编制 T/CBMF 37—2018 标准开展的部分基础工作，涉及 UHPC 材料制备原理、性能分析，国际上 UHPC 标准化现状调研与分析，从而建立起 T/CBMF 37—2018 标准的编制理念。UHPC 实现了水泥基材料性能的跨越式提升，超过了国际、国内现有混凝土、砂浆、纤维混凝土以及纤维增强水泥基材料相关标准的适用范围。因此，需要针对 UHPC 的性能特征、性能范围和应用进行标准化工作，对现有标准体系进行补充和扩展，或专门针对 UHPC 编制新的系列标准。

本章首先简要介绍了 UHPC 的制备原理与发展历程，追根溯源 UHPC 的发明与发展，期望能够温故而知新，在前人已经建立的基础上进一步拓展和创新。

与传统混凝土和水泥基材料相比，对 UHPC 力学性能和耐久性的关注点发生了较大变化，例如：更关注抗拉而非抗压性能，简化耐久性问题类别和试验测试。为此，本章分析了 UHPC 性能特征和核心价值，以及 UHPC 与其他水泥基复合材料的异同。

收集和学习国外现有的 UHPC 标准，是编制 T/CBMF 37—2018 标准的重要准备工作之一。本章概述了国际上 UHPC 标准化现状，以及法国标准、瑞士标准、日本指南和德国指南关于 UHPC 材料的分级与性能要求。然后，分析对比了国外标准对 UHPC 的技术要求。

根据 UHPC 性能分析、国外标准的调研，以及对标准"实用、先进和不束缚创新"的要求，本章最后阐述了 T/CBMF 37—2018 标准的编制理念和原则。

本章是协助理解掌握 T/CBMF 37—2018 内容的参考资料，也是学习了解国外对 UHPC 技术要求的参考资料。

2.2 UHPC 的制备原理与发展历程

要想深入理解和把握 UHPC 的性能、价值和应用潜力，需要先了解其发明与创新的理论基础、动机、理念和发展历程，方能温故而知新。

2.2.1 UHPC 的发明与原理

硅酸盐水泥问世后，人们一直致力于提高水泥基材料的强度，在 20 世纪 70 年代初取得比较大的进步。1972 年，M. Yudenfreund 等发表系列论文[1]，介绍使用高细度水泥（6000~9000cm²/g）与助磨剂、木钙和碳酸钾三种外加剂，配制水灰比为 0.2 的低孔隙率水泥净浆，1 英寸（25.4mm）小立方体试件 28d 抗压强度达到了 205MPa。同年，D. M. Roy 等也发表论文[2]，报告了采用高压压制成型、高温、高压养护的水泥净浆试件，孔隙率几乎为零，抗压强度最高达到 510MPa。这些研究证明，通过提高密实度，当前的水泥基材料强度还有很大的提升空间。

丹麦学者 H. H. Bache 尝试了不同的技术路线，用超细颗粒来提高水泥浆密实度。最初使用超细水泥与普通细度水泥混合，但超细水泥仅仅可加速强度发展，未能实现更高的强度。他早期试验时，尚无高效减水剂，无法在很低水胶比下使超细颗粒充分分散，因此无法实现颗粒体系的密实堆积[3]。经过多年不懈的努力，Bache 教授使用高效减水剂、亚微米材料硅灰和普通水泥、砂石骨料，在 1978 年 5 月 8 日第一次成功配制出可浇筑成型的超高强度混凝土。此后，经过进一步研究和改善，Bache 教授在 1979 年 11 月申报了欧洲发明专利（EP0010777A1）[4]。该专利标志着 UHPC 的发明，即采用密实化颗粒堆积的方法制备超高强混凝土或砂浆，以及用纤维提高抗拉强度、抗弯强度（图 2-1）。

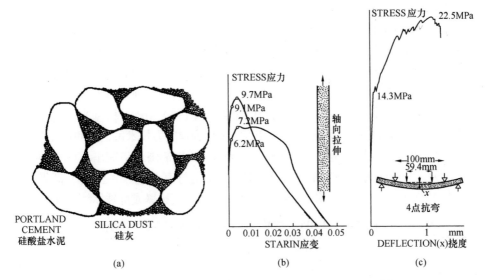

图 2-1　第一个 UHPC 发明专利（EP0010777A1）示意[4]
(a) 硅灰填充水泥空隙；(b) 应力-应变曲线；(c) 应力-挠度曲线

与此同时，Bache 教授发展出 DSP（Densified System with ultra-fine Particles）理论，即用充分分散的超细颗粒（硅灰）填充在水泥颗粒堆积体系的空隙中［图 2-1（a）］，实现颗粒堆积致密化。理论上，颗粒尺寸只有 $0.1 \sim 1\mu m$ 的硅灰，填充在粒径为 $5 \sim 50\mu m$ 的水泥颗粒之间的空隙中，占据了大量原本是水填充的空间，大幅度提高了固体颗粒堆积体的密实度。依靠搅拌和高效减水剂的分散作用，实际上也不难获得超高密实度的颗粒堆积体系——DSP 浆体，大幅度减小用水量，使水胶比降低到 $0.11 \sim 0.20$ 的低水平。

用 DSP 理论配制超高强度混凝土，是混凝土技术发展的一个重大突破，奠定了制备 UHPC 的基础。在此之前，采用高细度水泥和加压成型等方法提高胶凝材料密实度，虽然能够获得高强度，但在工程应用上实施和实现的难度较大。同时期发明的 MDF 水泥（Macro Defect Free，宏观无缺陷水泥，用聚合物填充水泥浆孔隙和裂缝），SIFCON（Slurry Infiltrated Fiber Concrete，预填钢纤维灌注水泥细砂浆的混凝土），也可以获得很高的材料强度和韧性，但是前者需要辊压或挤压成型，后者难以使钢纤维形成三维堆积，在应用上受到很大制约，至今只能用于制作小型制品。DSP 理论实现更高的密实度，不需要使用特殊的工艺方法，用传统搅拌设备和振动密实方法，就能生产与成型。因此，基于 DSP 理论配制的 UHPC 进入了实用阶段。

如今，一些数学模型已经替代 DSP 理论，用于全系列颗粒堆积体密实度的分析与优化，材料设计向着智能化方向发展，但基本原理仍然是：颗粒组成与配合比应使颗粒堆积体密实度最大化。

提高颗粒堆积体密实度和降低用水量，不仅能制备出高密实度、超高抗压强度的水泥胶凝的混凝土或砂浆，同样重要的是改善和提高了浆体与骨料、纤维、钢筋之间的界面密实度与粘结强度[5,6]。对于密实度而言，这种"改善"与"提高"可能仅仅是"量变"，但对于 UHPC 发挥利用纤维、钢筋的强度，则产生了"质变"的提高，并因此使 UHPC 能够实现拉伸"应变硬化"性能而成为高韧性材料；同时，高密实 UHPC 基体对内部钢纤维、钢筋的保护作用，也相应地发生了"质变"性的提高（详见 2.3 节）。

2.2.2　UHPC 发展历程

至今，UHPC 的发展历程大体可分为三个时间阶段。

第一阶段为 20 世纪 80 年代，在丹麦开展了比较全面的 UHPC 性能研究工作，包括 UHPC 基本力学性能、耐久性、耐磨性、抗爆性，以及钢筋增强 UHPC（CRC、R-UHPC）结构性能等。这期间 UHPC 试件的最高抗压强度达到了 400MPa。根据当时丹麦的研究成果，Bache 教授将 UHPC 基本性能、R-UHPC 以及结合预应力技术可达到的性能范围，概括总结于表 2-1，并与高强韧性钢材进行比较[7]。表 2-1 比较清晰地呈现出 UHPC 的性能、价值和应用潜力。与此同时，丹麦最早将 UHPC 产业化与商业化，并创立了世界上第一个 UHPC 品牌 Densit®。其早期应用包括维修加固、耐磨件、抗爆或抗破坏结构等。

表 2-1　高强混凝土、UHPC、钢筋增强 UHPC 和高强韧性钢材的性能对比[7]

性能	普通高强混凝土	Densit/UHPC		CRC R-UHPC	韧性高强钢材
		0～2%纤维	4%～12%纤维		
抗压强度(MPa)	80	120～270	160～400	160～400	—
抗拉强度 f_t(MPa)	5	6～15	10～30	100～300	500
抗弯强度 f_b(MPa)	—			100～400	～600
抗剪强度(MPa)	—			15～150	
密度 ρ(kg/m³)	2500	2500～2800	2600～3200	3000～4000	7800
弹性模量 E(GPa)	50	60～100	60～100	60～110	210
断裂能(N/m 或 J/m²)	150	150～1500	5000～40000	$2\times10^5\sim4\times10^6$	2×10^5
强度/质量比(f_b/ρ)(m²/s²)	—			$3\times10^4\sim10^5$	7.7×10^4
刚度/质量比(E/ρ)(m²/s²)	—			$2\times10^7\sim3\times10^7$	2.7×10^7
抗冻性	中等/好	不用引气，绝对抗冻			—
抗腐蚀性能	中等/好	仅需要 5～10mm 保护层，抗腐蚀优良			差

第二个发展阶段为 20 世纪 90 年代，UHPC 的研发与应用扩展到欧洲多个国家。在此期间，法国许多企业和研究机构投入研发，因此法国成为驱动 UHPC 技术进步的中心。其中，法国的 RPC（活性粉末混凝土）研究项目广为人知，RPC 一度成为 UHPC 的代名词。借助高压成型、高温高压养护，使 RPC 试件抗压强度达到 800MPa[8]，创造了水泥基材料抗压强度的新记录。1994 年，法国学者 De Larrard 和 Sedran 发表的论文，将这种新材料称作"UHPC"（超高性能混凝土）[9]，该名称较好地表达了"性能上的跨越式进步"，逐步被广泛接受和采用。此阶段的技术发展，为法国土木工程协会（AFGC）制定 UHPC 材料与设计暂行指南奠定了基础。UHPC 在结构上的应用取得突破的标志，为 1997 年在加拿大魁北克 Sherbrooke 建造的、世界上第一座 UHPC 人行桥。法国的研发孕育出多个 UHPC 产业化与商业化品牌，如 Ductal®、BSI®、Ceracem® 等。

第三个发展阶段为进入 21 世纪的近 20 年，UHPC 在世界范围得到广泛重视和研究发展，工程应用呈现较快增长，属于 UHPC 快速发展的启动期。UHPC 的国际交流越来越多，2004 年德国 Kassel 大学主办第一次 UHPC 国际研讨会，此后每四年一次，已举办了四届；从 2009 年开始，AFGC-fib-RILEM 则联合主办另一系列四年一次的国际研讨会；从 2016 年开始，中国和美国也开始定期举办 UHPC 国际研讨会。UHPC 的发展历程简要展示见图 2-2。

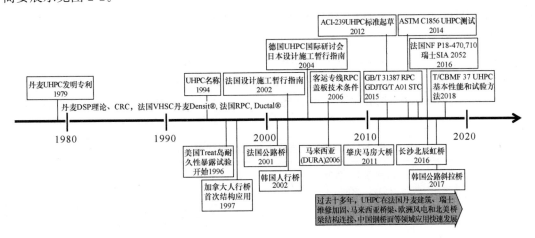

图 2-2　UHPC 发展历程大事年表

UHPC 发展至今，缺乏标准已经成为 UHPC 工程应用的主要瓶颈，需要尽快突破。法国成为世界上 UHPC 应用与创新最多最强的国家，与其最早开始标准化工作密切相关。2002 年法国发布了 UHPC 暂行指南，成为最早的 UHPC 材料制备与结构设计的依据，如今法国的 UHPC 标准体系已趋于完善。现在，多个国家初步完成或正在进行 UHPC 标准或指南的编制工作（详见 3.4 节）。

2.2.3　UHPC 原材料与生产制备

UHPC 的原材料构成大体可分为：无机固体颗粒材料（矿物材料，包含水泥）、化学外加剂和纤维材料。

最初的 UHPC，使用了在当时（20 世纪 70 年代后期）属于新的原材料——硅灰和萘系高效减水剂，其他均为传统材料。到 20 世纪 90 年代，以 RPC 为代表的 UHPC，引入了磨细石英粉，减水剂则更新换代为聚丙烯酸系和聚羧酸系高性能减水剂。

进入 21 世纪，UHPC 矿物原材料的研究涉及纳米二氧化硅、纳米碳酸钙、纳米碳管、磨细或分选超细粉煤灰、超细矿粉、超细水泥、稻壳灰、偏高岭土、玻璃粉等。至今，实用的最细矿物材料仍然是硅灰，因其具有粒形好（球形）、火山灰活性高，以及成熟的商业化供应等优点。使用其他超细矿物材料，有助于降低硅灰用量。使用普通细度粉煤灰、矿粉替代部分水泥，用玻璃粉替代石英粉，均取得良好效果。实用的 UHPC，抗压强度一般在 150～250MPa，粗细骨料一般选择强度高的天然岩石，如石英石、花岗岩、玄武岩等。是否使用骨料或粗骨料，以及使用什么粒径范围的骨料，需要针对 UHPC 具体应用来确定。如果需要非常高的耐磨性能，可使用人工骨料，如烧结铝矾土、金属骨料等。

UHPC 使用的纤维材料分为金属纤维、有机纤维（合成纤维）和无机纤维（耐碱玻璃纤维、玄武岩纤维）。用于承重结构，UHPC 通常使用钢纤维或不锈钢纤维；用于非承重结构，UHPC 可使用钢纤维、聚乙烯醇（PVA）纤维、耐碱玻璃纤维、玄武岩纤维等，或复合使用；用于装饰性构件且表面不允许出现锈斑，UHPC 宜使用不锈钢纤维、有机纤维或无机纤维，应根据力学性能要求选择确定；用于有防火要求的建筑构件，UHPC 应含一定量聚丙烯（PP）纤维，以降低高温作用下 UHPC 的爆裂风险。

　　配制 UHPC 的重点是做好固体颗粒堆积体——以达到最大密实度或最小空隙率为目标。应用数学模型，如改进的 Andreassen 模型（Dinger-Funk 模型），可以计算与优化各粒径范围颗粒最佳的体积比例，从而使颗粒堆积体接近理论上最大密实度，减少试验试配的工作量。UHPC 的水胶比通常小于 0.20，水灰比则小于 0.25。

　　采用经验的方法设计配合比，可参考表 2-2，通过试配优化，但试验工作量相对较大。

表 2-2　UHPC 配合比主要指标和强度统计[10]

配合比	指标	10cm 立方体试件等效抗压强度（MPa）	水泥用量	用水量	高效减水剂	硅灰	水灰比 w/c	水胶比 w/b
			kg/m³		与水泥质量比（%）			
UHPC-fi（无粗骨料）29 个配合比	最小	115	711	134	1.5	12	0.193	0.151
	最大	210	1115	230	7.9	33	0.300	0.240
	平均	162	833	178	4.0	24	0.235	0.190
UHPC-ca（有粗骨料）21 个配合比	最小	142	550	137	3.0	15	0.200	0.163
	最大	217	1107	195	5.6	31	0.300	0.282
	平均	178	715	167	4.3	22	0.253	0.212

　　注：文献 [10] 分析统计了 50 个 UHPC 配合比的主要指标和强度变化范围。这些 UHPC 的组成，部分无粗骨料，部分有粗骨料（d_{max}＝7～16mm），大部分为 20℃养护，小部分有纤维和 90℃热养护。

　　商业化供应的 UHPC 大多为预混料，即将粉状材料在工厂的高效率混和机中拌和均匀，然后包装。在使用现场，只需在搅拌机中，按要求比例加入水（或减水剂、粗骨料）和纤维搅拌均匀，即可使用和浇筑。这样，可在工厂完成颗粒堆积体的质量控制，能够较好保障 UHPC 的性能和质量，并且使用方便。

　　一般的高效率强制式搅拌机，均可以用于 UHPC 搅拌生产。不同组成与配方的 UHPC，最佳的投料搅拌程序会有所不同，大体可分为先干拌，后湿拌。流动性高的 UHPC，纤维相对容易结团，宜在搅拌过程的最后阶段加入。UHPC 的总搅拌时间比较长，过长时间不仅生产效率低，还会使拌合物温度升高，增加气泡含量，较长纤维则可能结团。使用的搅拌机分散效率越高，需要的搅拌时间相应越短。在正式生产 UHPC 前，应该试验优化投料搅拌程序。

2.2.4　UHPC 的工程应用[11]

　　UHPC 的工程应用，或者是发挥 UHPC 某方面优异性能，或者是综合利用 UHPC 全面优异性能，有些应用已经趋于成熟，如：

　　（1）建筑构件（轻质高强、免维护、防火）：制造承重结构与装饰一体化建筑构件，如楼梯、阳台等；自承重建筑装饰构件，如镂空建筑幕墙和屋面构件、建筑造型构件、外墙装饰板等。

（2）结构连接（高强、高粘结强度、抗疲劳、耐久）：用于钢结构连接，如海上风电钢塔筒采用套接，灌注 UHPC 固定；预制混凝土构件的结构性连接，如预制桥梁构件现场灌注 UHPC 连接，已经成为北美桥梁快速建设、修复或更新的基本方法。

（3）钢—UHPC 轻型桥面（高强与刚度、高粘结强度、抗裂、抗疲劳、耐久）：UH-PC 与钢组合结构，很好地解决了两大钢桥难题——铺装易损坏、钢结构易疲劳开裂，因此突破了制约钢桥发展的这两大技术瓶颈。

（4）桥梁或桥梁构件（轻质高强、耐久、免维护、低造价）：马来西亚的经验显示，合理的结构设计，充分利用 UHPC 的性能，大幅度减少材料用量、减少下部结构、省去防水层等，UHPC 桥梁的初始造价可以低于传统混凝土桥梁，且可在百年以上服役寿命中免维护、维修。

（5）混凝土结构维修、加固与保护（高强与刚度、高粘结强度、抗疲劳、低渗透性、耐久、耐磨等）：一次 UHPC 维修可替代多次传统方法维修，大幅提高结构强度与刚度，并对混凝土结构有抗渗、防水、抗冻、耐磨等多重保护功能；结构节点抗震加固的最佳方法之一。

（6）需要长寿命的工程结构（抗裂、耐久）：UHPC 很好地解决了传统混凝土开裂、钢筋锈蚀和冻融破坏等耐久性难题，是迄今为止耐久性最好的工程材料。既使在最恶劣的自然环境中，如高温高湿高盐的海洋环境、盐水冻融环境等，UHPC 工程结构服役寿命预期也在 100 年以上。如建造交通基础设施、核能与核防护工程等。

（7）防爆或抗爆结构（抗爆、抗冲击）：用于各种军事工程，民用如防护金库、数据中心、使领馆等重要目标。

（8）耐腐蚀层或结构（高粘结强度、耐腐蚀、耐磨）：污水处理厂、污水管道等。

（9）抗冲磨层（高粘结强度、抗冲击、耐磨）：水工结构面层的抗冲磨保护。

（10）家具、街具和雕塑（轻质高强、耐久、免维护）等。

2.2.5　UHPC 的发展展望

DSP 理论以及后续的发展完善，使水泥基胶凝材料和骨料的颗粒级配、材料组成趋于最优化，从而获得超高密实度、超高强度同时也是高脆性的混凝土或砂浆；在此基础上应用短纤维，则能够获得超高抗拉抗弯强度、韧性（包括"应变硬化"性能）和高耐久的超高性能混凝土（UHPC）——新一代高价值、高潜力的工程结构和功能材料。

UHPC 创新了水泥基材料（混凝土或砂浆）与钢材（钢纤维、钢筋或高强预应力钢筋）的复合模式，使组成材料的性能互补得到优化，性能优势得到充分发挥，大幅度提高了材料的使用效率，可以建造同时具备节材、低碳、高强、高韧性和高耐久的结构。然而，UHPC 也不是完美的材料，缺点包括成本高、技术与质量控制门槛高，并且 UHPC 材料性能和本构关系的影响因素多，增加了结构设计和生产施工的难度。

从诞生到今天，UHPC 已经经历了 40 年的发展。UHPC 应用研究方兴未艾，在现今的梁板柱结构、薄壁薄壳结构、维修加固、功能或装饰构件等应用中，已经显示出坚固、耐久、美观、节材、低碳、低维护成本等优越性，彻底改变了混凝土结构的面貌，并且 UHPC 为工程结构开辟了很大的创新空间。其发展历程表明，需要集众人智慧、发挥想象力去挖掘和利用 UHPC 的潜力与价值。可以肯定，还有许许多多 UHPC 新结构、新应用等待研究与开发。

UHPC 作为工程结构材料，还有很大的发展空间，还有许多需要研究、改进和完善的课题，例如，需要建立和完善材料的本构关系、结构设计方法和规范，提高此材料在结构上的使用效率；需要进一步提高纤维效率，降低材料成本；需要继续优化生产配制、浇筑施工工艺，提高结构性能的可靠性；需要更长期深入研究 UHPC 的耐久性等。

2.3 UHPC"超高"的关键性能分析与 UHPC 定义

2.3.1 UHPC 的关键力学性能

UHPC 具备优异的物理力学性能，可概括为"三高"，即高强、高韧和高耐久。A. Spasojevic[12]用图 2-3 直观对比了 UHPC 与其他水泥基工程材料的拉伸和压缩力学性能特征。UHPC 除抗拉强度与抗压强度大幅度超越其他水泥基材料外，另一个特性是变形能力——可以实现拉伸"应变硬化"（也称作"应变强化"）行为，即单轴受拉经历弹性阶段，出现多微裂缝，纤维抗拉作用启动；随后拉应力上升，进入非弹性的应变硬化阶段（类似钢材的"屈服"）；达到开裂后最大拉应力（抗拉强度），出现个别裂缝在局部扩展，之后拉应力下降，进入软化阶段。"应变硬化"是韧性材料的重要特征，体现短纤维增强、增韧作用与效率发生了"质"的变化，即单位面积"桥接"裂缝的纤维所能承受的拉力超过了基体抗拉强度。使用短纤维，目前只有 ECC（或称作 HDCC，高延性水泥基复合材料）和 UHPC 可以实现拉伸"应变硬化"行为。普通纤维混凝土和高强纤维混凝土（FRC、HSFRC）开裂就软化，即基体开裂的同时纤维被拔出和产生滑移，由于基体粘结和锚固纤维的能力不足，纤维强度未能有效发挥，增强增韧的作用有限。

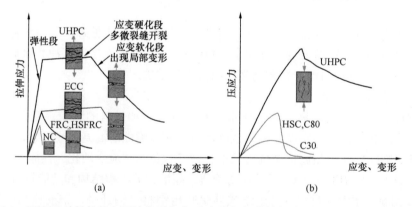

图 2-3 UHPC 单轴拉伸和压缩典型应力-应变特征与其他材料对比（NC 为普通混凝土）

(a) 单伸拉伸；(b) 单轴压缩

UHPC 的"高强"最直接的体现是抗压、抗拉与抗弯强度，大量研究证实，其"高强"还包含抗裂、抗剪、抗扭、抗疲劳、抗冲击、钢筋锚固、与混凝土粘结等各种强度。其中，抗压强度实质上体现了 UHPC 基体密实度的高低，也能反映使用纤维的效能，但敏感性较低；拉伸性能则能综合体现 UHPC 的力学性能——既体现了 UHPC 基体强度，又凸显了使用纤维的效能，且与抗弯、抗裂、抗剪、抗扭、抗疲劳、抗冲击、抗爆等性能密切相关；UHPC 韧性所能达到的水平则在很大程度上取决于拉伸是"应变硬化"还是"应变软化"。此外，拉伸性能为结构设计直接提供了一系列重要性能参数。因此，拉伸性能是 UHPC 的关键力学性能，也是 UHPC 不同于传统水泥基材料的关键特征之一。

美国 A. E. Naaman[13] 教授用图 2-4 描述与分类纤维增强水泥基材料的抗拉性能。通过试验测量拉伸应力-应变曲线或拉力-变形曲线，可以获得 UHPC 的拉伸性能，通常用下列指标描述和表征：

（1）极限弹性应力（或初裂强度）f_{te}：体现在纤维增强作用下的 UHPC 基体抗拉强度；该区段为弹性段，拉伸应力-应变曲线为直线，直线斜率为拉伸弹性模量。

（2）抗拉强度 f_{tu}：依靠跨越裂缝的纤维，UHPC 所能够承受的最大表观拉应力，体现了纤维的效能，即基体受拉开裂后，跨越裂缝纤维的抗拉响应和承拉能力；如果 $f_{tu}/f_{te}<1$，拉伸为表观"应变软化"；$f_{tu}/f_{te}\geqslant 1$，则为表观"应变硬化"（图 2-4）。从 f_{te} 以后，拉伸应力-应变曲线进入非线性区段。

（3）极限拉应变 ε_{tu}：达到 f_{tu} 时对应的应变，体现了 UHPC 的变形能力或延性；ε_{tu} 与 f_{tu} 一起在很大程度上体现了 UHPC 的韧性水平。

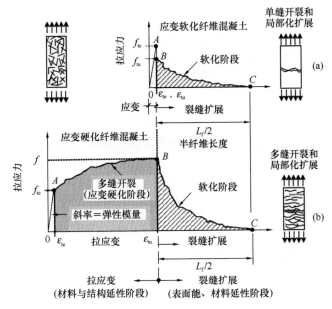

图 2-4　纤维增强复合材料的典型单轴受拉应力-应变曲线
（a）应变软化；（b）应变硬化

高延性、韧性水泥基材料的另一条发展技术路线，是 20 世纪 90 年代初美国 Victor Li 教授发明的 ECC；经过发展与性能提高，改名为 HPFRCC（多细缝开裂高性能纤维增强水泥基复合材料）；也有人将高强化的 ECC 称作 UHP-ECC（超高性能高延性水泥基复合材料）或 HS-SHCC（高强应变硬化水泥基复合材料）。这类材料传统上使用高强高模的 PVA（聚乙烯醇）纤维实现高延性和高韧性，如今则研究使用更高强度和弹性模量的有机纤维，包括超高分子量或高密度聚乙烯（UHMWPE 或 HDPE）、芳纶（Aramid）和 PBO（Poly-p-phenylene benzobisthiazole 聚对苯撑苯并双噁唑）等纤维，与超高强水泥基材料相匹配，提升抗拉性能。

日本土木工程学会（JSCE）[14] 将纤维增强水泥基复合材料按照强度和延性作了图 2-5 的分类（灰色区为新加内容），其中将 UHPC 归类为仅是受弯的挠度-硬化类材料，这是不妥的，UHPC 在轴向受拉也可以是应变硬化和高延性材料。在图 2-5 中增加虚线"UHPC 覆盖的区域"，可见 HPFRCC 高强部分与 UHPC 低强、高延性部分有重合区域。这个重合区域，对于 T/CBMF 37—2018 标准的 UHPC 来说，就是抗压强度 120～150MPa 部分（多用于非承重或自承重的装饰性构件）；对于 HPFRCC 来说，是其将性能从"高"向"超高"方向发展的结果，也就是 UHP-ECC 或 HS-SHCC。此外，图 2-5 中还应补充"材料的渗透性"（底面灰色双向箭头），这是纤维增强水泥基复合材料（FRCC）耐久性的重要指标。补充了渗透性，才能分析和对比 FRCC 类材料的全面性能。

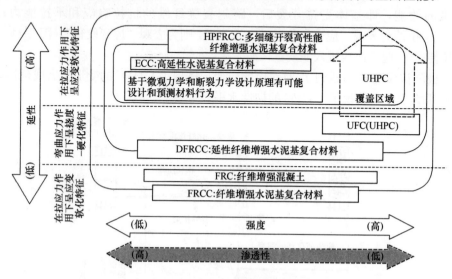

图 2-5　纤维增强水泥基复合材料分类

2.3.2　UHPC 的关键物理性能与耐久性

耐久性是 UHPC 另一最有价值的性能。至今，对 UHPC 的耐久性已经开展了大量研究，表 2-3 汇总 UHPC 的主要耐久性指标，以及与高性能混凝土（HPC）和普通混凝土（NC）的对比。对于普通混凝土需要应对的冻融循环、碱-骨料反应（AAR）、延迟钙矾石生成（DEF）等耐久性破坏因素，UHPC 有良好的免疫能力（在 2.3.2.2 节说明）；对于其他破坏因素，包括碳化、氯离子侵入、硫酸盐侵蚀、化学腐蚀等，UHPC 有很高的抵抗能力。这来源于 UHPC"超高"的密实度和抗渗性，具体体现在水、气渗透性以及腐蚀性介质扩散速率的大幅度降低。

表 2-3　UHPC 渗透性、耐久性平均指标，以及 UHPC 与高性能混凝土和普通混凝土对比[15,16]

耐久性指标	UHPC 指标	高性能混凝土（HPC）		普通混凝土（NC）	
		指标	与 UHPC 对比（倍数）	指标	与 UHPC 对比（倍数）
盐剥蚀表面质量损失（28 个循环）	$50g/m^2$	$150g/m^2$	3	$1500g/m^2$	30
氯离子扩散系数	$2.0\times10^{-14}m^2/s$	$6.0\times10^{-13}m^2/s$	30	$1.1\times10^{-12}m^2/s$	55
氯离子侵入深度	1mm	8mm	8	23mm	23
氯离子侵入性（电量法）	10～25C	200～1000C	34	1800～6000C	220

续表

耐久性指标		UHPC 指标	高性能混凝土（HPC）		普通混凝土（NC）	
			指标	与 UHPC 对比（倍数）	指标	与 UHPC 对比（倍数）
氧气渗透性		$1\times10^{-20}\mathrm{m}^2$	$1\times10^{-19}\mathrm{m}^2$	10	$1\times10^{-18}\mathrm{m}^2$	100
氮气渗透性		$1\times10^{-19}\mathrm{m}^2$	$4\times10^{-17}\mathrm{m}^2$	400	$6.7\times10^{-17}\mathrm{m}^2$	670
表面吸水率		$0.20\mathrm{kg/m}^2$	—	11	—	60
碳化深度（3 年）		1.5mm	4mm	2.7	7mm	4.7
钢筋锈蚀速率		$<0.01\mu\mathrm{m}/$年	$0.25\mu\mathrm{m}/$年	25	$1.2\mu\mathrm{m}/$年	120
耐磨性（相对体积损失指数，与玻璃对比）		1.1～1.7	2.8	2.0	4.0	2.9
抗冻性（1000 次冻融循环后相对动弹性模量）		90%	78%	0.87	39%	0.43
电阻率		137kΩ·cm（2%V 钢纤维）	96kΩ·cm（无钢纤维）	0.7	16kΩ·cm	0.12
耐酸性（80 周腐蚀深度）[16]	pH=5	$993\mu\mathrm{m}$	—	—	$1845\mu\mathrm{m}$	1.86
	pH=3	$1217\mu\mathrm{m}$	—	—	$3023\mu\mathrm{m}$	2.48

2.3.2.1　UHPC 的基体抗渗性与保护内部钢材的能力

对于水泥胶凝的材料体系，水泥水化反应会产生体积减缩（化学减缩），因此浆体必然会产生孔隙，具有渗透性。此外，多余或残留的未参与水化反应的拌合水也会成为孔隙。决定渗透性高低的关键是孔隙生成的尺寸与连通性。与优质混凝土（HPC）对比，UHPC 的孔隙率至少降低超过 50%（约从 10% 降低到 4%），氯离子扩散系数和气体渗透系数至少有一个数量级的降低，表明 UHPC 孔隙尺寸和连通性大幅度降低。这样幅度的渗透性降低或抗渗性提高，对于重化学类腐蚀如酸类、硝酸铵等，抵抗能力只有几倍的提高；然而，对于自然环境中各种腐蚀性因素，包括硫酸盐侵蚀、碳化和氯离子引发的钢筋锈蚀，抵抗能力则发生了"质"的提高。

丹麦曾试验，在 UHPC 的拌合水中拌入氯盐，使氯离子含量超过通常引发钢筋锈蚀的临界浓度，两年多后 UHPC 中的钢筋没有锈蚀迹象[17]。日本采用加速方法进行类似试验，在 UHPC 与对比混凝土（$w/c=0.4$）中拌入氯化物使氯含量达到 $13\mathrm{kg/m}^3$（对于普通混凝土，引发锈蚀的临界氯浓度为水泥重量的 0.4%～2%，在 1.8～$9\mathrm{kg/m}^3$ 范围，取决于混凝土密实度[18]），进行 180℃、10 大气压的蒸压加速锈蚀，经过 5 个持续 8h 的蒸压循环，对比混凝土中钢筋全部表面有黑、红铁锈；UHPC 中钢筋虽然轻微变黑，疑似黑铁锈，但看上去是健全的[19]。此外，在海洋氯盐环境进行了 15 年的暴露试验以及对几个服役 10 年左右的实际工程检验显示，UHPC 露出表面的钢纤维会较快锈蚀，但锈蚀不会深入内部；没有露出表面的钢纤维，即使靠近表面几乎没有保护层厚度，也没有发生锈蚀[20]。这些事实说明，在 UHPC 中已经不存在氯离子引发钢材锈蚀的条件，最合理的解释为：UHPC拌合水被水泥水化消耗且远远不足，导致内部非常干燥；其高抗渗性阻碍了氧、水的渗入，因而保持了内部的缺氧和缺水状态，使钢材锈蚀不能引发与开展。该机理解释了氯离子在高干燥与高抗渗 UHPC 基体中无法活化钢材表面的原因，还需要进一步从理论和试验上研究证实，但不争的事实是：UHPC 高密实基体能为埋入钢筋和钢纤维提供有效的防腐保护，并且覆盖或保护层厚度可以低至几毫米。

基于高密实、高干燥、高抗渗性的基体为钢材提供防腐保护的能力，是 UHPC "超高"耐久性的基础，也是预期 UHPC 工程结构能够实现百年以上免维护服役寿命的依据。因此，UHPC 的抗渗性是其能够达到和必须具备的关键耐久性性能，可以用氯离子扩散系数或氧气渗透系数表征。

2.3.2.2 UHPC 对冻融循环、AAR 和 DEF 的免疫能力

1. 关于抗冻融循环破坏

至今，国际上已经开展了许多 UHPC 抗冻性试验，冻融循环次数高达 1000 次或更多，UHPC 都没有明显的损伤。因为 UHPC 对冻融循环试验不敏感，丹麦采用了新试验方法检验 UHPC 基体在降温过程中的结冰量[7]，结果如图 2-6 所示，在 $-40℃$ 左右 UHPC 基体才有微量的冰形成（水来源应该是凝胶水）。该试验揭示了 UHPC 抗冻融破坏的原因：UHPC 的拌合水非常少，远远不够水泥水化，硬化后 UHPC 基体内部极其干燥且非常密实，外面的水又无法渗入，因此 UHPC 内部几乎无可冻水，冻融循环无法产生破坏作用。

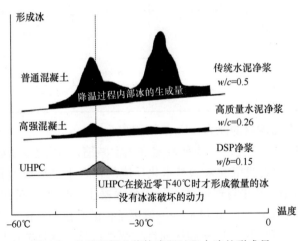

图 2-6　各种混凝土浆体降温过程中冰的形成量

基于上述原因，法国标准、日本指南和瑞士标准均将 UHPC 作为抗冻材料，适用于最严酷的冻融环境，且不需要再采取任何措施提升抗冻性。

2. 关于 AAR（碱-骨料反应）问题

普通混凝土可能遭遇 AAR 膨胀破坏问题，其中以碱-硅酸反应（ASR）类型为主。混凝土发生 AAR 膨胀需要同时具备三个条件：骨料有碱活性、含碱量高（当量 Na_2O 含量超过 $3kg/m^3$）和有水供应。预防 AAR 膨胀的技术措施包括：（1）使用非活性骨料；（2）限制混凝土原材料的碱含量，使当量 Na_2O 含量小于 $3kg/m^3$；（3）使用一定掺量的活性矿物掺合料替代水泥抑制 AAR，如不少于 5% 硅灰，或不少于 25% 粉煤灰，或不少于 40% 的磨细矿渣等，以及组合或复合采用这些措施。

从 AAR 发生条件和可以抑制的措施分析，UHPC 发生 AAR 膨胀的风险非常小，因为：（1）UHPC 内部干燥且高密实、高抗渗，意味着 UHPC 不具备 AAR 反应和膨胀需要的水；（2）UHPC 使用大量硅灰，通常占胶凝材料的 10% 以上，可有效抑制 AAR 反应和膨胀。

基于上述原因，可以认为 UHPC 不会发生破坏性 AAR。日本指南和瑞士标准均没有

要求采取措施防止、抑制或检验 AAR，法国标准要求使用非活性骨料。

3. 关于 DEF（延迟钙矾石生成）问题

普通混凝土的延迟钙矾石生成（DEF），是指早期经历 65℃ 以上温度时，一次钙矾石未能在水化初早期形成或变为分解状态，当降温至环境温度且环境潮湿时，钙矾石可能形成或恢复，从而产生有害膨胀。DEF 理论的发生条件：早期温升或热养护使混凝土经历温度超过 65℃，且水泥高硫、高铝和高碱，并有水供应和有其生成的空间。

UHPC 常采用 90℃ 左右的蒸汽养护，具备 DEF 发生的温度经历条件。基于试验研究和理论分析，日本指南认为 UHPC 不必担心 DEF，理由如下：

（1）UHPC 的水灰比很小，没有多余的孔隙水。

（2）UHPC 为致密结构构成，渗水性很低，通常不会有水渗入 UHPC 中。

（3）热养护进一步提高了密实度，侵入和/或扩散进入的物质非常有限。

（4）初始养护发展了足够的强度，干缩的影响很小。因此，由于收缩形成微裂缝几乎不可能。

（5）在初始养护的有效作用下，不太可能出现延迟释放硫酸盐离子。

（6）采用标准组分粉料、标准热养护、两年龄期 UHPC 的 X 射线衍射结果，表明没有钙矾石的存在。

（7）UHPC 采用的水泥如低热波特兰水泥，C_3A 的含量很低。对于高 C_3A 水泥还没有积累足够充足的数据，需要进一步研究。

此外，至今的研究与应用，还没有发现 UHPC 出现 DEF 及损害。基于这些原因和分析，可以认为 UHPC 发生 DEF 的风险非常小。法国标准要求，用于潮湿环境的 UHPC 需要进行 DEF 检验，即试件泡在水中 12～15 个月后检验膨胀量。这是谨慎的做法，但该混凝土 DEF 检验方法是否适用于 UHPC？如果是，则意味 UHPC 对水的抗渗性并不足够高，这是其中的矛盾之处。建议可以做专题研究，彻底打消疑虑。对于热养护或使用中会经历高温的 UHPC，安全的防止 DEF 的方法是选用低 C_3A 水泥。

2.3.2.3　UHPC 的微裂缝渗透性与裂缝自愈能力

应变硬化的 UHPC 应力-应变曲线进入非线性段，为基体出现多缝、微裂缝（图 2-4）。针对微裂缝对 UHPC 渗透性的影响，进行的试验研究显示：拉伸应变小于 0.13%，UHPC 可保持良好的抗渗性，与无裂缝普通混凝土（水灰比 0.45 左右）抗渗性相当[20,21]。从设计确保耐久性的角度考虑，通常将结构中 UHPC 承受的拉应力限制在弹性段避免出现微裂缝；在某些强约束场合如 UHPC 与钢或混凝土的复合结构中，宜将拉应变限制在 0.05% 或微裂缝宽度限制在 0.05mm 以内。

水泥基材料中，如果水泥颗粒内部有部分未水化，则具有裂缝自愈合能力。因为水或水汽进入裂缝，暴露在裂缝表面的水泥颗粒未水化部分就会"继续"水化，这时的水化是与外界的水分反应，水化产物固相体积会增大一倍多，多出来的体积能够填堵裂缝。由于 UHPC 水胶比非常低，拌和水量仅能供部分水泥水化，绝大多数水泥颗粒的内部处于没有水化的状态，UHPC 也因此具有非常强的裂缝自愈能力[22]。

P. Pimienta[22] 等试验研究预先裂缝 UHPC 在腐蚀性环境中（干湿循环、氯盐和高温环境）的耐久性。结果显示，裂缝 UHPC 小梁试件，在 10% 氯化钠溶液或 60℃ 热水中持续浸泡 3 个月后，或经历 60 个干湿循环（每个循环 18h 在 20℃ 水中＋6h 在 60℃ 干燥空气中）后，重新加载的抗弯性能没有受到影响，表现出很好的连续性，如图 2-7 所示。对比图 2-7 中重新加载的各条曲线的斜率，可以看出，热水、氯化钠溶液浸泡和经历干湿循环的试件，刚度（弹性模量）均高于在干燥空气（相对湿度 50%）中存放的试件。这种刚度的恢复，表明接触水的试件，裂缝有一定程度的"胶结"性愈合，提高了材料的连续性。

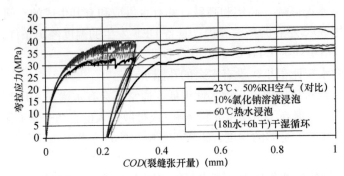

图 2-7　UHPC 弯拉应力与 COD 关系（预先加载 COD＝0.3mm）

美国的"Combined effect of structural and environmental loading on cracked UHPC"（结构与环境荷载对裂缝 UHPC 的复合作用）[23]试验，将钢筋增强 UHPC 梁（150mm×380mm×4900mm）4 点弯曲加载至开裂（梁下部出现 29 条宽度 0.002～0.009mm 的裂缝），梁底面通过海绵接触 15% 浓度氯化钠溶液（环境荷载），然后循环加载（疲劳结构荷载）。该试验历时半年，加载循环达 50 万次，在结构荷载与环境荷载的复合作用下，沿裂缝出现氯化钠结晶析出，但对 UHPC 抗弯性能影响轻微，梁的抗弯结构响应并没有降低。半年的复合荷载试验结束后，再中心加载使梁弯曲破坏，结果发现：梁的静态破坏不是沿原先的裂缝，而是出现与扩展了一组新的裂缝[23]。这种现象表明，先前的微裂缝已经愈合。

2.3.2.4　使用有机纤维和非金属类纤维

有机纤维不会锈蚀，没有钢纤维外露锈蚀污染混凝土表面的问题，因此比较适合用于装饰性或非结构性 UHPC 构件。高强高模的 PVA（聚乙烯醇）纤维，对 UHPC 的增强、增韧效果也较好；PP（聚丙烯）纤维可有效改善 UHPC 的耐高温性能。但是，至今有机纤维用于水泥基材料的研究与工程应用的历史还比较短，对于有机纤维在混凝土中的长期性能与状态，包括是否会老化、影响老化的因素、老化和强度衰减速率或长期耐久性等问题，还缺乏足够的了解。

高强高模的耐碱玻璃纤维、玄武岩纤维，在力学性能方面也是较好的 UHPC 增强、增韧纤维材料。对这两种纤维在水泥基材料中的长期耐碱腐蚀行为，目前还缺乏足够了解，故还不宜将这两类纤维作为主要纤维用于 UHPC 承重结构，特别是需要长工作寿命（超过 50 年）的受拉、受弯结构或构件中。

2.3.3　UHPC 的定义

综上所述，T/CBMF 37—2018 标准将 UHPC 抗拉性能和基体抗渗性作为关键的力学和物理性能，用于定义 UHPC，并定量化规定相应技术指标，明确界定 UHPC。定义与最低要求如下：

"超高性能混凝土是指兼具超高抗渗性能和力学性能的纤维增强水泥基复合材料"，即氯离子扩散系数应不大于 $20 \times 10^{-14} \, \mathrm{m^2/s}$（UD20 等级）、抗拉强度不小于 5MPa（UT05 等级）且拉伸变形达 0.15％时的残留抗拉强度不小于 3.5MPa、抗压强度不小于 120MPa（UC120 等级）。

2.4　国际上 UHPC 标准化工作进展与 UHPC 性能要求

目前，法国和瑞士已经正式颁布了 UHPC 材料性能与结构设计标准。早在 2004 年，日本土木工程学会（JSCE）就发布了 UHPC 结构设计与施工指南（案），至今还处于试用阶段。德国很早就开始了 UHPC 指南编制的准备工作，但尚未正式颁布。韩国已经编制了 UHPC 材料、设计和施工方面的标准或指南，但未公开发布。美国混凝土学会于 2015 年成立 ACI 239C 分会，目前正在编制 UHPC 设计指南；加拿大、西班牙等国的 UHPC 标准也在编制之中。此外，还有一些国家如捷克共和国、澳大利亚、美国等制定了 UHPC 在一些专业领域设计应用的指南或指导性技术文件。我国与 UHPC 相关的标准，已经颁布了《活性粉末混凝土》（GB/T 31387—2015）的国家标准、广东省地方标准《超高性能轻型组合桥面结构技术规程》（GDJTG/T A01—2015）等。

T/CBMF 37—2018 标准编制参考的主要国外标准为法国标准、瑞士标准、日本指南，以及德国对其指南的介绍。各国标准中，UHPC 名称和缩写有所不同（本文全部使用"UHPC"）：

（1）国际通用 UHPC：Ultra-High Performance Concrete（超高性能混凝土）。

（2）部分国家使用 UHPFRC：Ultra-High Performance Fibre Reinforced Concrete（超高性能纤维增强混凝土）。

（3）法国使用 BFUP：Béton Fibré Ultra-performant（超高性能纤维增强混凝土）。

（4）德国使用 UHFB：Ultra-Hochleistungs-Faserbeton（超高性能纤维增强混凝土）。

（5）日本使用 UFC：Ultra-High Strength Fibre Reinforced Concrete（超高强纤维增强混凝土）。

（6）瑞士使用 UHPFRC：Ultra-High Performance Fibre Reinforced Cement-based composites（超高性能纤维增强水泥基复合材料，瑞士标准重新定义"C"，代表复合材料）。

2.4.1　法国标准[24]

2002 年法国率先发布 UHPC 暂行指南，经过 10 年使用、修订，2013 年成为正式指南。此后，再按照欧洲标准体系模式，修改与编制了 UHPC 材料、设计与施工三个标准，2016 年正式颁布设计标准 NF P-710 和材料标准 NF P18-470，而施工标准 PR NF P18-451 正处于试用阶段。

法国的 UHPC 标准体系如图 2-8 所示，这是一个全面、完备，但也是相当复杂的标准体系。

UHPC 定义：超高性能纤维增强混凝土（法语简称 BFUP）——抗压强度高于 130MPa（100mm 立方体强度为 145MPa，超出标准 NF EN 206/CN：2014 的适用范围）、开裂后仍能维持较高抗拉强度因而具备韧性性质的混凝土，允许用于设计和建造不配筋结构。

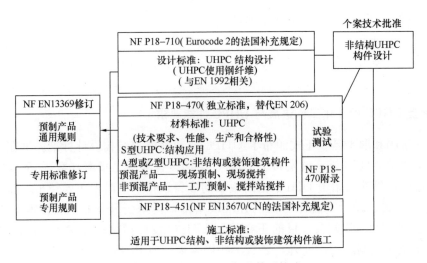

图 2-8　法国 UHPC 标准体系构成

UHPC 材料标准《混凝土-超高性能纤维增强混凝土-技术要求、性能、生产和检验》（NF P18-470）是一个独立标准，替代欧洲标准《混凝土》（EN206），对 UHPC 分类、分级与要求概要如下：

1. 按增韧纤维类型分类

（1）金属纤维 M-UHPC 类（使用符合 NF EN14889-1 要求的金属纤维）。

① $f_{ck} \geqslant$ 150MPa，S 型 UHPC（结构用，设计标准为 NF P18-710）；

② $130 \leqslant f_{ck} <$ 150MPa，Z 型 UHPC。

（2）有机纤维 A-UHPC 类（使用符合 NF EN14889-2 要求的 PVA 纤维）。

（3）其他纤维：需要专门技术研究和得到批准。

2. 工作性分类：根据稠度，振动或不振动扩展度（表 2-4），协商确定试验方法。

（1）Ca：类似自密实 UHPC，通常适用于无振动浇筑，也不需要机械辅助流动。

（2）Cv：黏性 UHPC，通常适用于无振动浇筑，但需要机械辅助流动。

（3）Ct：有一定（稠度）起点的 UHPC，适用场合为：施加剪切作用流动，自由面可保持斜面（针对项目进行附加试验，确定适宜稠度目标值）。

表 2-4　UHPC 扩展度等级（NF P18-470 中表 4）

等级	振动台上扩展度（mm） （NF EN12350-5）	无振动扩展度（mm） （ASTM C230/C230M）	扩展度（mm） （NF EN 12350-8）
Ca	无振动：≥ 560	≥ 270	≥760（SF3）
Cv	无振动：420～560 15 个振动后：≥ 560	230～270	660～760（SF2）
Ct	无振动：<420 15 个振动后：>560	<230	<660（SF1）

3. 养护分类

（1）STT：不对 UHPC 进行任何热养护。

（2）TT1：在模具中进行中等幅度热养护，通过"热加速水化"获得较早凝结。

① 检验：f_{cm}（TT1）$\geqslant 88\% f_{cm}$（STT 20℃）（其中：f_{cm}为平均抗压强度）；

② 作用显著性：f_{cm}（TT1）$\geqslant 107\% f_{cm}$（STT 20℃），或 f_{cm}（TT1）$< 93\% f_{cm}$（STT 20℃）。

（3）TT2：凝结后几小时，在相对高温度（90℃左右）和相对湿度大于 90% 的条件下，热养护数十小时。

（4）TT1＋2：连续进行上述两种热养护。

（5）测定硬化 UHPC 的性能（包括耐火性），需进行的养护：

① 28d 的 STT 和 TT1；

② 凝结后，TT2 和 TT1＋2。

4. 抗压强度等级：按圆柱试件抗压强度 $f_{ck,cyl}$ 划分，见表 2-5。

表 2-5　UHPC 抗压强度等级（NF P18-470 中表 5）

抗压强度等级	圆柱试件最低抗压强度特征值	立方体试件最低抗压强度特征值（参考值）
	$f_{ck,cyl}$（MPa）	$f_{ck,cube}$（MPa）
BFUP 130/145	130	145
BFUP 150/165	150	165
BFUP 175/190	175	190
BFUP 200/215	200	245
BFUP 225/240	225	240
BFUP 250/265	250	265

5. 抗拉性能分类

（1）特征弹性抗拉强度（标准值）$f_{ctk,el} \geqslant 6.0$MPa。

（2）受弯时应有足够的韧性，即满足下式要求：

$$\frac{1}{w_{0.3}} \int_{0}^{w_{lim}} \frac{\sigma(w)}{1.25} dw \geqslant \max(0.4 f_{ctm,el}; 3\text{MPa})$$

（其中：w 为裂缝开度，$w_{0.3} = 0.3$mm，$\sigma(w)$ 是开裂后对应于裂缝开度的特征应力）

（3）应变硬化等级：

① T1 等级（拉伸软化型）：$f_{ctfm}/1.25 < f_{ctm,el}$ 和 $f_{ctfk}/1.25 < f_{ctk,el}$；

② T2 等级（低韧型）：$f_{ctfm}/1.25 \geqslant f_{ctm,el}$ 和 $f_{ctfk}/1.25 < f_{ctk,el}$；

③ T3 等级（高韧型）：$f_{ctfm}/1.25 \geqslant f_{ctm,el}$ 和 $f_{ctfk}/1.25 \geqslant f_{ctk,el}$。

（其中：$f_{ctm,el}$ 和 $f_{ctk,el}$ 分别是弹性极限抗拉强度平均值和标准值，f_{ctfm} 和 f_{ctfk} 分别是开裂后抗拉强度平均值和标准值）

（4）抗拉性能技术要求（3 项）：

① 拉伸响应 $\sigma(w)$ 或 $\sigma(\varepsilon)$，与模型成型试件测试预估特征曲线比较；

② 等级（T1、T2 或 T3）；

③ 与方向相关的一组纤维方向系数 K_{global} 和 K_{local}（K_{global} 和 K_{local} 分别针对整体效应和局部效应）。

6. 耐久性：孔隙率、抗气体渗透和氯离子侵入能力要求。

（1）基本耐久性要求：

① $D_{p90} \leqslant 9.0\%$（90d 龄期的孔隙率，NF P18-459）；

② $D_{Cl-90j} \leqslant 0.5 \times 10^{-12} m^2/s$（90d 龄期氯离子扩散系数，XP P18-462 的附录 A.1）；

③ $K_{gaz90j} \leqslant 9 \times 10^{-19} m^2$（90d 龄期透气系数，XP P18-463 的附录 A.2.1）。

（2）高耐久性要求：

① $Dp+$：$D_{p90} \leqslant 6.0\%$（90d 龄期的孔隙率）；

② $Dc+$：$D_{Cl-90j} \leqslant 0.1 \times 10^{-12} m^2/s$（90d 龄期氯离子扩散系数）；

③ $Dg+$：$K_{gaz90j} \leqslant 1 \times 10^{-19} m^2$（90d 龄期透气系数）。

7. 工程服役寿命对耐久性要求

（1）设计服役寿命 50 年：

① 满足基本要求；

② 但在 XA2 和 XA3 环境，需要规定胶凝材料；在 XH3 环境，需要进行防止 DEF（延迟钙矾石生成）的试验测试。

注 1：XH1～XH3 是法国专门为预防 DEF 定义的潮湿环境和等级，XH1 为干燥或中等湿度环境，XH2 为干湿循环且高湿度环境，XH3 为长期接触水的环境。

注 2：DEF 检验方法（LCP66 混凝土 DEF 活性试验方法）：将试件经历预计的高温后，再经历干湿循环，然后在水中浸泡，测试长度变化。合格条件：a. 浸泡 12 月三个试件平均长度变形小于 0.04%，没有一个试件变形超过 0.06%，并且与浸泡第 3 个月相比 3 个试件平均长度变形的月度变化小于 0.004%；b. 如果浸泡 12 个月，3 个试件各自变形介于 0.04%～0.07%，需将试验延长至 15 个月，与浸泡第 12 个月相比 3 个试件平均长度变形的月度变化小于 0.004%，并且在第 12 与第 15 个月之间累计变形小于 0.006%。

（2）设计服役寿命 100 年：

① 满足基本要求；

② 但在 XS3 和 XD3 环境，需要 $Dp+$ 和 $Dc+$；在 XF4 环境，需要 $Dp+$、$Dc+$ 和 $Dg+$；在 XA2 和 XA3 环境，需要 $Dc+$ 和规定胶凝材料；在 XH2 环境，需要进行防止 DEF 的试验测试；在 XH3 环境，需要 $Dp+$ 和进行防止 DEF 的试验测试（注：XS、XD、XF 和 XA 分别为海水、化冰盐、冻融和化学腐蚀环境）。

（3）设计服役寿命 150 年：

① 对于重要项目，设计服役寿命＞100 年；

② 通常会要求 $Dp+$、$Dc+$ 和 $Dg+$。

8. 其他性能和试验

（1）防火性（耐高温性能）；

（2）抗冲磨性能；

（3）弹性模量（杨氏模量）；

（4）徐变与收缩；

（5）热膨胀系数；

（6）适用性试验（试验浇筑成型，检验搅拌浇筑工艺、养护和 K 值）。

2.4.2 瑞士标准[25]

瑞士标准《超高性能纤维增强水泥基复合材料-材料、设计和施工》（SIA 2052—2016），编制时间为 2012 年 2 月—2015 年 10 月，以 1998 年开始的试验研究工作和五十多项工程实践为基础。该标准涵盖 UHPC 材料性能、结构设计和施工，总共 44 页，是一个"简洁、全面、易于使用"的标准，并且是一个专注于设计与工程需要"删繁就简"制定标准的典范。

UHPC 定义：超高性能纤维增强水泥基复合材料（法语版简称 BFUP，德语版简称 UHFB）是用水泥、掺和料、细骨料、水、外加剂和短纤维制备的复合材料。高密实程度使其没有渗透性。通常，其 28d 后的立方体特征抗压强度高于 120MPa。

SIA 2052 标准中材料的相关内容：

1. 耐久性：作为一般原则，暴露于 XC（碳化）、XD（化冰盐）、XA（化学腐蚀）和 XF（冻融）环境等级，使用 UHPC 和钢筋 UHPC 建造的构件与表层，不需要为耐久性采取特别措施。

2. 稠度（工作性，附录 A1）：新拌 UHPC 拌和物工作性范围从自密实（扩展度 550~800mm）到触变性（适合坡面浇筑）（附录 A1）。根据适用性试验来确定需要的扩展度，作为所使用 UHPC 良好工作性的指标。

3. UHPC 类型与等级：见表 2-6。

表 2-6　UHPC 类型与等级（SIA 2052 中表 1）

UHPC 类型	单位	U0	UA	UB
f_{Utek}（弹性极限抗拉强度）	MPa	≥7.0	≥7.0	≥10.0
f_{Utuk}/f_{Utek}（抗拉强度/弹性极限抗拉强度比，应变硬化特征）		>0.7	>1.1	>1.2
ε_{Utu}（抗拉强度对应的应变）	‰	—	>1.5	>2.0
f_{Uck}（抗压强度）	MPa	≥120	≥120	≥120
抗压强度等级：U120、U160 和 U200（数值指立方试件抗压强度特征值）				

4. UHPC 性能参数：

（1）受拉行为，由抗拉强度 f_{Utu}、弹性抗拉强度 f_{Ute}、抗拉强度对应的应变 ε_{Utu} 和软化行为（比断裂能 G_{FU}，最大裂缝开度 $w_{Ut,max}$）定义；

（2）抗压强度 f_{Ue}；

（3）弹性模量 E_U；

（4）泊松比 ν_U；

（5）热膨胀系数 α_U；

（6）收缩 ε_{Us}；徐变系数 $\varphi_U(t,t_0)$。

具体如图 2-9、图 2-10 所示。

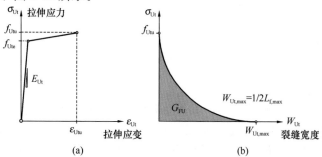

图 2-9　UA 和 UB 型 UHPC 拉伸理想化材料法则（符号含义见表 2-7）

(a) 硬化行为；(b) 软化行为

表 2-7 UHPC 性能参数典型值（SIA 2052 中表 3，附录 A2）

性能	符号	典型值（28d 龄期）
弹性模量（拉/压）	E_U	40～60GPa
泊松比	ν_U	0.2
抗压强度	f_{Uc}	120～200MPa
弹性抗拉强度	f_{Ute}	7～12MPa
抗拉强度	f_{Utu}	7～15MPa
抗拉强度对应的应变（应变硬化）	ε_{Utu}	0～5‰
比断裂能	G_{FU}	8～25kJ/m²
热膨胀系数	α_U	10^{-5}/℃
最终收缩值	$\varepsilon_{Us\infty}$	无热养护：0.6‰～0.8‰ 热养护后（48h@90℃、$RH>95\%$）：0‰
最终徐变系数	$\varphi_U(t_\infty,t_0)$	无热养护：1.0（$t_0=7$d）；0.8～1.0（$t_0=28$d） 热养护后（48h@90℃、$RH>95\%$）：0.2～0.4
硬化 UHPC 密度	ρ_U	2300～2700kg/m³（取决于纤维品种和掺量）

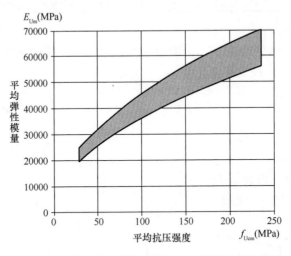

图 2-10 平均立方试件抗压强度对应的平均弹性模量

5. 徐变与收缩：

（1）早期对 UHPC 进行热养护，显著地减小徐变与收缩。

（2）使用 CEM I 水泥（硅酸盐水泥）的 UHPC，没有热养护，加载时压应力小于当时抗压强度的 40%（如超过 40%需要专门研究），弹性变形中的徐变变形为（也适用于拉应力 $\sigma_{Ut} \leqslant f_{Ute}$；如果 $\sigma_{Ut} > f_{Ute}$，则需要考虑荷载水平的影响，即非线性徐变）：

$$\varepsilon_{Ucc}(t) = \varphi_U(t,t_0) \cdot \varepsilon_{Uel}$$

其中，徐变系数用下式计算（最终徐变系数和与龄期相关的系数见表 2-8）：

$$\varphi_U(t,t_0) = \varphi_{U,\infty}(t_\infty,t_0) \cdot \frac{(t-t_0)^a}{(t-t_0)^a + b}$$

表 2-8　最终徐变系数与系数 a、b（SIA 2052 中表 2）

t_0 (d)	养护	$\varphi_{U,\infty}(t_\infty,t_0)$	a	b
4	20℃	1.2	0.6	3.2
7	20℃	1.0	0.6	4.5
28	20℃	0.9	0.6	10
—	热养护-2d 90℃蒸汽	0.3	0.6	10

（3）UHPC 收缩的绝大部分源于内在收缩（自收缩），较小部分来自干缩。没有热养护的 UHPC，龄期 t 的总收缩可用下式估算：

$$\varepsilon_{Us}(t) = \varepsilon_{Us\infty} \cdot e^{\frac{c}{\sqrt{t+d}}}$$

① 使用 CEM Ⅰ型水泥（硅酸盐水泥），$c=-2.48$，$d=-0.86$，最终收缩可假设为 $\varepsilon_{Us\infty} = 0.6‰ \sim 0.8‰$；

② 使用 CEM Ⅲ型水泥（矿渣水泥），$c=-1.30$，$d=-0.86$，最终收缩可假设为 $\varepsilon_{Us\infty} = 0.95‰$；

③ 使用其他水泥，如收缩是重要指标，应进行试验测试。

6. 抗疲劳性能：UA 和 UB 型 UHPC 的受拉抗疲劳能力，用下式确定疲劳极限：

$$\sigma_{U,D} = 0.3(f_{Utek} + f_{Utuk})$$

（其中：f_{Utek} 和 f_{Utuk} 分别为弹性极限抗拉强度和抗拉强度）

7. 钢筋粘结强度：UHPC 与内部带肋钢筋（螺纹钢筋）粘结强度在 $\tau_{bU} = 35 \sim 45MPa$ 范围；与无肋钢筋（表面有起皮）粘结强度在 $\tau_{bU} = 18 \sim 22MPa$ 范围。

8. 防火性能：例如，加入聚丙烯纤维可以避免 UHPC（受高温时）爆裂，应通过试验确认所采取措施的有效性。

2.4.3　日本指南（草案）[19,26]

日本土木工程学会（JSCE）《超高强度纤维增强混凝土结构设计与施工指南（案）》，是在日本开展的试验研究的基础上，结合坂田桥（Sakata-Mirai，UHPC 人行桥）的验证，参考法国指南（2002 暂行版）制定，"旨在促进 21 世纪创新型建筑材料 UHPC 的利用"。该指南 2004 年发布日语版，2006 发布英文版。

UHPC 定义：超高强度纤维增强混凝土（简称 UFC）是一种纤维增强的水泥基复合材料，特征抗压强度不低于 150MPa、抗拉强度大于 5MPa、初始开裂强度大于 4MPa。其基体由最大粒径小于 2.5mm 的骨料、水泥、火山灰质材料组成，水灰比小于 0.24；含有不小于 2％体积的增强纤维；纤维的抗拉强度大于 2000MPa，长度为 10～20mm，直径为 0.1～0.25mm。热养护作为其标准养护方法。

JSCE 指南中，没有针对 UHPC 材料进行分类分级，正文部分也没有提出具体的 UHPC 性能要求，只是规定"应通过适当试验确定"。JSCE 指南各篇章的正文后都有较大篇幅的"解说",以标准的 UHPC（即标准配合粉体和体积含量 2％钢纤维，纤维抗拉强度 2700MPa、长 15mm、直径 0.2mm，采用标准的热养护）为例，说明 UHPC 的性能特点和技术指标水平，以及这些指标的测试方法、测试偏差等，并给出一些性能指标的参考值。在指南（日语版）的后面，附了 10 个 UHPC 试验研究报告，涉及 UHPC 力学性能、耐久性、抗疲劳性能，以及 UHPC 结构设计与测试结果实例。

日本指南中部分"解说"内容（其中的试验结果均为标准 UHPC 性能）：

1. 抗压强度发展、测试结果分布（图 2-11、图 2-12）。

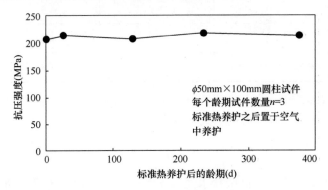

图 2-11　标准热养护后 UHPC 的长期强度试验结果（JSCE 指南中解说图 C3.2.1）

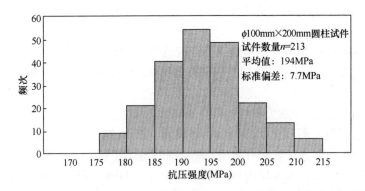

图 2-12　ϕ100mm 圆柱试件抗压试验结果分布（JSCE 指南中解说图 C3.2.2）

2. 抗拉性能（图 2-13、图 2-14 和图 2-15）。

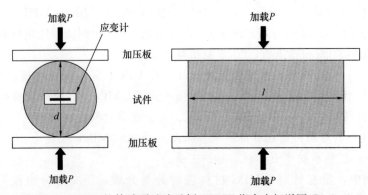

图 2-13　UHPC 柱体劈裂试验示例（JSCE 指南中解说图 C3.2.4）

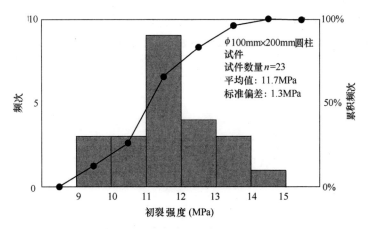

图 2-14　ϕ100mm 圆柱试件劈裂试验初裂强度分布

（JSCE 指南中解说图 C3.2.5）

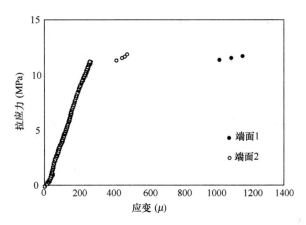

图 2-15　劈裂试验测得的应变数据

（JSCE 指南中解说图 C3.2.6）

3. 抗弯强度（图 2-16）。

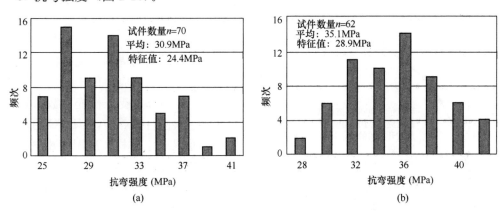

图 2-16　无切口试件三等分点（四点）弯曲的抗弯强度分布（JSCE 指南中解说图 C3.2.9）

（a）100mm×100mm×400mm 试件；（b）40mm×40mm×160mm 试件

4. 热工性能（表 2-9）。

表 2-9 标准热养护完成后 UHPC 的热工特性（JSCE 指南中解说表 3.6.1）

热膨胀系数（$\times 10^{-6}$/℃）	13.5
导热系数 [kJ/(mh·℃)]	8.3
热扩散系数 [$\times 10^{-3}$(m^2/h)]	3.53
比热容 [kJ/(kg·℃)]	0.92

5. 收缩：在标准热养护过程中的收缩大约为 450×10^{-6}，热养护完成后大约为 50×10^{-6}；没有进行热养护，收缩随龄期增长而增大，总收缩约 550×10^{-6}，与普通混凝土很相似，如图 2-17 所示。

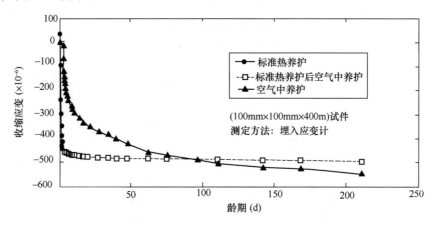

图 2-17 从浇筑入模开始 UHPC 的收缩应变发展（JSCE 指南中解说图 C3.7.1）

6. 徐变（正文和解说）。

（1）假定徐变与弹性应变成正比（只要应力水平小于抗压强度的 40%，可与普通混凝土一样作此假设），用下式计算：

$$\varepsilon'_{cc} = \varphi' \cdot \sigma'_{cp} / E_{ct}$$

（ε'_{cc} 为 UHPC 徐变；φ' 为徐变系数；σ'_{cp} 为应力；E_{ct} 为加载龄期的杨氏模量）

（2）徐变系数应根据 UHPC 质量、配合比、养护条件、结构周围环境温湿度、截面尺寸等确定。只要拉应力低于初裂强度，就可以经过一定换算从受压徐变系数得到受拉徐变系数。未进行热养护，UHPC 的徐变与同龄期普通混凝土一样。法国指南规定 1.2 作为最终徐变系数。

（3）如没有进行试验测试，通常取 0.4 作为标准 UHPC 的徐变系数（图 2-18）。

7. 耐久性检验

（1）UHPC 结构的标准设计寿命通常是

图 2-18 标准热养护完成后 UHPC 的徐变系数
（JSCE 指南中解说图 C3.8.1）

100 年。

（2）碳化、氯离子侵入引起钢纤维腐蚀、冻融引起劣化、硫酸盐侵蚀和碱-骨料反应，可忽略和不检验（表 2-10）。

（3）只要钢筋保护层厚度达到 20mm，可不检验氯离子侵入引起钢筋锈蚀。

（4）针对重化学腐蚀，通常采用措施如混凝土表面涂层和使用抗腐蚀筋和预应力筋（图 2-19）。

（5）耐火性需要按相关标准技术规程进行检验。

（6）通常 UHPC 使用的水泥 C_3A 含量较低，热养护不必担心 DEF（延迟钙矾石生成）问题。

表 2-10 关于材料内部迁移的物理特性（JSCE 指南中解说表 11.1.1）

性 能 ＼ 指 标	UHPC	普通混凝土
抗压强度	150MPa 或更高	18～80MPa
水灰比	0.24 或更少	0.3～0.6
空气渗透系数	10^{-19} m^2 或更少	10^{-17}～10^{-15} m^2
水渗透系数	4×10^{-17} cm/s	10^{-11}～10^{-10} cm/s
氯离子扩散系数	0.0019 cm^2/a	0.14～0.9 cm^2/a
孔隙体积	约 4% 体积	约 10% 体积

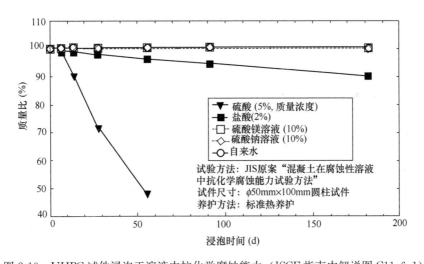

图 2-19 UHPC 试件浸泡于溶液中抗化学腐蚀能力（JSCE 指南中解说图 C11.6.1）

2.4.4 德国指南[27]

德国钢筋混凝土学会（DAfStb）组织制定的 UHPC 材料、设计与施工指南接近完成，2016 年 3 月在德国 Kassel 大学举办的 UHPC 国际研讨会上，M. Schmidt 教授（负责 UHPC 指南材料部分）介绍了制定德国指南材料性能要求的理念和主要内容。

德国 DAfStb 制定 UHPC 指南的总体方法是作为现有混凝土标准体系的补充与扩展，相互关系如图 2-20 所示。其中，UHPC 材料部分是德国标准 DIN 1045-2，对混凝土标准

EN 206 的补充和扩展。

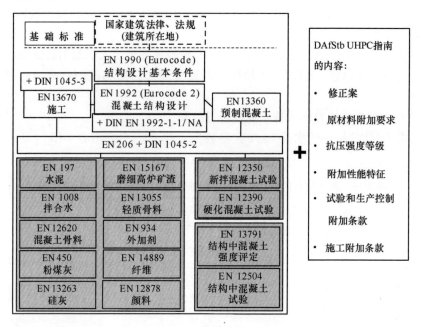

图 2-20　德国 DAfStb UHPC 指南编制总体方法以及与混凝土标准体系的关系

据介绍，德国指南定义 UHPC 为：必须同时具备改善颗粒堆积体密实度和最低水平的水灰比（w/c），才能获得提高强度和改善耐久性的混凝土，即超高性能混凝土（图 2-21）。最低水平的水灰比（w/c）指低于 $0.25 \sim 0.35$（相当于水胶比 w/b 低于 $0.2 \sim 0.24$）。其中，$w/c \leqslant 0.25$（和热养护）可以获得最大耐久性。

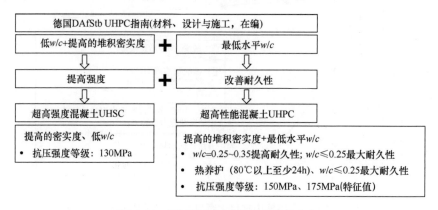

图 2-21　德国 DAfStb 对 UHPC 的定义

DAfStb 指南对 UHPC 拉伸性能要求不详，介绍的对材料要求包括：

1. UHPC 应用：现浇结构、预制结构，以及用于建筑和土木工程的预制结构产品。

2. 抗压强度等级：分为 3 个等级，见表 2-11。按其定义，强度等级 UHPC150 和 UHPC175 是超高性能混凝土，而 UHPC130 等级是高强混凝土，因为耐久性还不足够好。

3. 普通表观密度 UHPC：最大骨料粒径介于 0.5～16mm 之间，等效水灰比介于 0.2

～0.35 之间；含有或不含纤维；进行或不进行热养护；需要进行密实或自密实。

4. 热养护要求：见表 2-12（未最终确定）。

表 2-11　德国指南中 UHPC 抗压强度等级划分

抗压强度等级	最小特征抗压强度（MPa）	
	$\phi150mm\times300mm$ 圆柱试件 f_{ck-cyl}	100mm 立方试件 $f_{ck-cube}$
UHPC 130	130	140
UHPC 150	150	160
UHPC 175	175	185

表 2-12　建议 UHPC 热养护步骤与条件

热养护（步骤和条件）	值
预养护时间 t_v（h）	≥24
热养护开始时混凝土最高温度 T_v（℃）	30
加热速率 R_A（K/h）	≤20
混凝土最高温度 T_D（℃）	90
恒温时间 t_D（h）	≥24 至 48
降温速率 R_K（K/h）	≤5

5. 耐久性：适用于 EN 206 定义的所有暴露环境和等级，包括 X0（无钢筋非 XF、XA）、XC1-4（碳化）、XD1-3（化冰盐）、XS1-3（海水）、XF1-4（冻融）、XA1-3（化学腐蚀）作用环境，以及 XM1-3（磨损）作用。根据 UHPC 抗腐蚀性能，可以提升应用范围和竞争力，专门为 UHPC 定义新的化学腐蚀环境等级 XA4（表 2-13）。这样，UHPC 可用于酸度不低于 pH 值 3.5 的环境场合，且不需要附加防护。

表 2-13　德国指南中新设化学腐蚀暴露等级 XA4

化学指标		参考试验方法	XA3	XA4
地下水	SO_4^{2-}（mg/L）	EN 196-2	>3000 和 ≤6000	—
	pH 值	ISO 4316	<4.5 和 ≥4.0	<4.0 和 ≥3.5
	CO_2（mg/L 腐蚀性液体）	EN 13577	>100 直到饱和	—
	NH_4^+（mg/L）	ISO 7150-1, 2	>60 和 ≤100	>100 和 ≤1000
	Mg_2^+（mg/L）	EN ISO 7980	>3000 直到饱和	—
土壤	SO_4^{2-}（mg/kg 总计）	EN 196-2	>12000 和 ≤24000	—
	酸质（mL/kg）	prEN 16502	实际上不曾遇到	—

6. 生产控制

（1）材料组分控制（水泥、矿物掺和料、外加剂、骨料、干混料）。

（2）设备控制（称量设备、配料系统、搅拌运输）。

（3）生产程序与混凝土性能控制（沉降、离析、新拌拌合物水含量与温度、工作性）。

2.5 T/CBMF 37—2018 标准的编制理念

编制的基本原则为：简洁实用，国际先进，不限制创新。

2.5.1 抓住 UHPC 核心技术性能

抓住 UHPC 核心技术性能的目的，是"化繁就简"与"科学适度"并举，使标准简洁实用和具有良好可操作性。

UHPC 是水泥胶结的超高强砂浆或混凝土（基体）与增强增韧纤维复合而成的水泥基复合材料。基体性能（密实度与强度）、纤维性能和规格尺寸、纤维用量与分布（均匀性和方向性）等，众多因素决定着 UHPC 的性能。与传统混凝土或水泥基材料相比，UHPC 力学性能的"多元化"与变化范围，发生了很大变化；UHPC 制备方法与物理性能的变化，也使应对一些耐久性问题的概念与方式方法有了根本性改变。因此，UHPC 材料性能标准不宜沿用传统混凝土标准的套路，必须开拓新的编制思路，体现出 UHPC 的性能特点和价值。

现有三个国外标准和指南中，日本 JSCE 指南没有 UHPC 性能要求和分级分类，其参考价值在于 UHPC 可达到的性能指标水平和测试方法，以及对 UHPC 耐久性新观念和要求。法国标准由原先的指南转变而来，材料性能标准 NF P18-470 是替代和延伸混凝土标准 NF EN 206 的独立标准。在"替代"的指导思想下，NF P18-470 基本套用了 EN 206 的模式和项目，因而使"多元化" UHPC 的标准内容过于繁杂和重复，例如与 EN 206 标准一样细分暴露环境、耐久性用了三个抗渗性指标、针对三种长度服役寿命提出了系列耐久性要求组合等，导致 NF P18-470 远没有原先的指南易用和实用。瑞士标准 SIA 2052 非常简洁实用，紧密结合 UHPC 应用的设计与施工需要。SIA 2052 中没有对 UHPC 耐久性提出具体和差异化要求，这可能与其国土面积小、环境差异化不大，以及整体 UHPC 产品性能与施工质量水平较高有关，因此认为 UHPC 耐久性在瑞士足够保证预期或设计工程寿命，不需要再作规定和检验。总之，法国标准"过繁"，人为设置过多技术门槛，降低了标准执行的可操作性；瑞士标准"过简"，似不完全适于中国。

基于上述对国外标准对比分析以及 CCPA 对标准编制的要求，制定 UHPC 基本性能标准，需要抓住技术性能的核心，并根据工程结构设计、施工的需要，"化繁就简"且"科学适度"地规定 UHPC 技术性能指标，使标准易于使用，具备良好的适用性和可操作性。

通过讨论、分析与论证，"化繁就简"确定 UHPC 的抗拉性能为体现其力学性能的关键性能，抗渗性能则为体现其耐久性的关键性能（详见第 2.3 节分析），即：把 UHPC 众多物理力学性能"聚焦"在这两项关键性能上。也就是说，"抗拉性能"与"抗渗性"的组合为 UHPC 性能的"纲"，满足这两项性能的要求，也就保证了 UHPC 大多数其他物理力学性能的水平；将这两项性能定量化，就明确定义和界定了 UHPC，为 UHPC 设定基本门槛，避免"鱼目混珠"。

法国标准针对 UHPC 抗渗性有孔隙率、氯离子扩散系数和气体渗透系数三个平行的指标，T/CBMF 37—2018 标准"化繁就简"为一个指标表征。考虑测试方法的操作难度与复杂性，以及考虑试验装置是否易于普及化因素，选用氯离子扩散系数表征 UHPC 抗渗性。

此外，T/CBMF 37—2018 标准制定的"化繁就简"与"科学适度"并举原则，还体现在基本性能选择，抗渗性（耐久性）、抗拉性能以及抗压强度的分级与指标的制定方面。适度差异化的性能等级与要求，适应不同应用需求，方便设计与施工选用合适的 UHPC 产品。

2.5.2　UHPC 关键性能的指标要求向国际先进水平看齐

体现 UHPC 特征和价值的关键性能指标为抗渗性和抗拉性能。其中，抗拉性能全面参考瑞士标准 SIA 2052 制定，直接采纳了 SIA 2052 对抗拉性能的等级划分、两个高等级的技术指标要求，但对最低拉伸性能等级的要求有所降低（详见第 2.6 节"T/CBMF 37—2018 标准与国外标准对比一览表"）。

对比法国、瑞士标准可见，瑞士标准描述 UHPC 拉伸性能相对简洁。SIA 2052 提取出 UHPC 抗拉的三个关键指标——弹性极限抗拉强度 f_{te}、抗拉强度 f_{tu} 和极限拉应变 ε_{tu}，用 f_{tu}/f_{te} 比体现拉伸应变软化或硬化以及硬化程度，就全面描述了 UHPC 的抗拉性能，包括强度、变形能力和韧性。这是刻画 UHPC 抗拉性能"化繁就简"的典范，同时紧密结合结构设计需要，科学、简洁、实用。SIA 2052 中抗拉性能 UB 等级 UHPC（T/CBMF 37—2018 标准对应 UT10 等级），是国际标准中对 UHPC 抗拉性能的最高要求，能够体现 UHPC 性能的国际先进性。

T/CBMF 37—2018 标准将抗渗性分为两个等级，分别对应于《混凝土结构耐久性设计规范》（GB/T 50476）分类的环境作用等级的"轻微、轻度"和"中度及以上"（根据 UHPC 耐久性特点，进行了大幅度简化）。与法国标准一样为两个等级，但抗渗性指标数量减少为一个氯离子扩散系数（法标为三个指标）。对于氯离子扩散系数的要求，T/CBMF 37—2018 标准的起点等级（UD20）和高等级（UD02）指标均高于法标，与 UHPC 力学性能对应的基体密实度、抗渗性协调一致，这样的指标要求科学适度，UD02 等级也体现出 UHPC 性能的国际先进性。

2.5.3　不规定和限制

设计或施工需要但不体现 UHPC 特征的技术指标，不作规定或限制，如 UHPC 的工作性、弹性模量、收缩、徐变、热膨胀系数等性能指标。对于这类性能参数，T/CBMF 37—2018 标准不规定具体要求，在本书第三章中推荐试验方法，提供参考值或范围（详见第三章）。

2.5.4　为 UHPC 发展保留尽可能大的创新空间

开放不直接体现技术性能的项目或内容，为 UHPC 发展保留尽可能大的创新空间。原材料质量要求、纤维品种和规格等，则不作具体规定和要求，为 UHPC 生产制备保留尽可能大的创新空间。例如，工业尾矿等固体废弃物，经过加工成为合适粒径分布固体颗粒粉料，有可能替代石英粉或其他一次矿物资源；钢纤维、合成纤维或有机纤维、玻璃纤维等，还有巨大改善与创新空间。

2.5.5　部分技术要求允许供需双方协商确定

根据 UHPC 应用条件或使用目的，开放和允许供需双方协商确定部分技术要求。例如，对于新拌 UHPC 工作性（扩展度或坍落度）、养护方法、强度检验龄期、部分试验方法等，允许 UHPC 材料供应方、设计方、采购方或使用方协商确定。

2.6　T/CBMF 37—2018 标准与国外标准对比一览表

T/CBMF 37—2018 标准与国外标准对比见表 2-14。

表2-14 T/CBMF 37—2018标准与国外标准对比一览表

项目	法国标准 NF P18-470	瑞士标准 SIA 2052	日本指南 (JSCE)	德国指南 (DAfStb)	T/CBMF 37
应用分类	①结构类（f_{ck}≥150MPa，金属纤维）②非结构类（130≤f_{ck}<150MPa）	①UHPC 和 R-UHPC 新结构②UHPC—混凝土、钢或木复合结构：新结构或现有结构改善（修复，加固）	结构和结构性构件	（不详）	未规定
产品形式	预混料和直接制备	预混料和直接制备	预混料和直接制备	（不详）	预混料和直接制备
基体原材料要求和配合比	①按暴露环境选择水泥②选用非碱活性骨料③限制总氯、硫含量	EN 206 允许的所有水泥类型	水灰比小于 0.24	（具体要求不详，限制水灰比小于 0.25 或 0.35）	未限制
最大骨料粒径	根据构件截面尺寸和钢筋保护层确定	细骨料（未限制尺寸）	≤2.5mm	0.5~16mm	未限制
增强纤维	纤维种类：①M类：钢纤维（EN 14889-1）②A类：非金属纤维，聚乙烯醇纤维（EN 14889-2），其他纤维需要经过专门试验研究确定	获得需要力学性能的钢纤维	钢纤维：直径 0.1~0.25mm，长度 10~20mm，抗拉强度大于 2000MPa	（含有或不含有，具体规定不详）	本书第3章建议：①钢纤维、承重结构与非承重结构均可用②聚乙烯醇纤维（PVA），耐碱玻璃纤维和玄武岩纤维，非承重结构用
工作性	扩展度，3种方法测试，按 EN 12350-8 测试扩展度分级：①Ca：≥760mm 自流动与密实②Cv：660~760mm，需辅助流动③Ct：<660mm 有一定稠度	①扩展度按 EN 12350-8 测试，根据需要确定适应扩展度②浇筑坡度大于 2%，应进行斜坡试验，宽 1m 的斜板试验，检验适用性③工作性在+5~+30℃工作性在保持至少 2h	①根据构件形状尺寸、浇筑方法、表观质量等确定②现场采用流动度试验确定，是质控检验指标③非自密实采用合适方法评定	（需要进行密实的和自密实的两个大类，具体规定不详）	本书第3章建议：通常用坍落度和坍落扩展度评估，坍落扩展度 SF 按 GB/T 50080 测试，可分为 2 个等级：USF600：500mm≤SF<700mm USF800：700mm≤SF<900mm
含气量	检验，无具体要求	检验，无具体要求	3%~5%，是质控检验指标	（不详）	（未涉及）

续表

项目	法国标准 NF P18-470	瑞士标准 SIA 2052	日本指南 (JSCE)	德国指南 (DAfStb)	T/CBMF 37
浇筑前均匀性	扩展度和适用性测试时定性定量检验纤维均匀性	（未涉及）	工作性好、匀质和稳定	（不详）	（未涉及）
浇筑温度	①气温高于 -5℃ ②拌和物温度 10~35℃	基层温度不低于 5℃	①气温 5~40℃ ②拌和物温度小于 40℃	（不详）	（未涉及）
养护要求	①表面养护持续到抗压强度达到 30% ②常温和 3 种热养护模式	养护至少 5~7d	①预养至抗压强度 40~50MPa，预养温度不超过 40℃ ②90℃恒温 48h 为标准热养护	（规定详细的热养护制度）	①标准蒸汽养护：90℃蒸汽养护恒温 48h，升降温速率小于 15℃/h（预养（20±2）℃，湿度 ≥95%） ②标准养护 ③非标准养护，提供养护细节
抗拉性能	①特征弹性极限抗拉强度要求：28d 标准养护高于 6.0MPa ②开裂后至 0.3mm 裂缝开度的平均抗拉能力高于弹性极限抗拉强度的 0.4 倍且高于 3MPa ③3 个拉伸性能等级，T1 为软化、T2 普通硬化、T3 高硬化 ④K_{global} 和 K_{local} 纤维定向系数，插入中间等级	3 个抗拉性能等级：①U0：$f_{te} \geq 7.0$MPa，应变软化 $f_{tu}/f_{te} > 0.7$ ②UA：$f_{te} \geq 7.0$MPa，$f_{tu}/f_{te} > 1.1$ 和 $\varphi_{tu} > 1.5\%$，应变硬化 ③UB：$f_{te} \geq 10.0$MPa，$f_{tu}/f_{te} > 1.2$ 和 $\varphi_{tu} > 2\%$，高应变硬化	①初始开裂强度（弹性极限）超过 4MPa ②抗拉强度超过 5MPa	（不详）	3 个抗拉性能等级：①UT05：$f_{te} \geq 5.0$MPa，在 $\varphi_{tu} = 1.5\%$ 时 $f_{tr} > 3.5$MPa，允许应变软化 ②UT07：$f_{te} \geq 7.0$MPa，$f_{tu}/f_{te} > 1.1$ 和 $\varphi_{tu} > 1.5\%$，应变硬化 ③UT10：$f_{te} \geq 10.0$MPa，$f_{tu}/f_{te} > 1.2$ 和 $\varphi_{tu} > 2\%$，高应变硬化
抗弯性能	无要求，有抗弯试验方法，用于反演分析抗拉性能	无要求，有抗弯试验方法，用于反演分析抗拉性能	无要求，有抗弯试验法，用于反演分析抗拉性能	（不详）	未分级，本书中建议可用抗弯性能作为质量控制
抗压强度	①强度范围 110/220mm 圆柱试件 130~250MPa（100mm 立方试件 145~265MPa） ②结构类：$f_{ck,cyl} \geq 150$MPa ③非结构类：$f_{ck,cyl} \geq 130$MPa ④6 个强度等级，以 5MPa 为刻度	①$f_{Uck} \geq 120$MPa ②3 个等级 U120、U160 和 U200 ③φ70mm×140mm 圆柱试件，或 100mm 立方试件，圆柱/立方折算系数 0.95	①抗压强度超过 150MPa，未分等级 ②φ100mm×200mm 或 φ50mm×100mm 圆柱试件，两者基本等效	强度范围 φ150mm×300mm 圆柱试件 130~175MPa（100mm 立方试件 140~185MPa）	100mm 立方试件定强度，分 3 个强度等级：120MPa、150MPa 和 180MPa；个体强度等级：120MPa、150MPa 和 180MPa
轴心抗压强度	（未涉及）	（未涉及）	（未涉及）	（不详）	本书第 3 章中建议测试方法

续表

项目	法国标准 NF P18-470	瑞士标准 SIA 2052	日本指南 (JSCE)	德国指南 (DAfStb)	T/CBMF 37
弹性模量	给出测试方法	给出测试方法和参考范围 40~60GPa	参考值 50GPa	(不详)	本书第 3 章中建议测试方法和范围 40~60GPa
泊松比	给出测试方法	给出测试方法和参考值 0.2	在弹性范围内取 0.2	(不详)	本书第 3 章中建议测试方法和参考值 0.2
收缩	①合格养护条件下收缩为自收缩；②经过 TT1+2 (90℃数十小时) 热养护，可认为收缩完成；③可以对总收缩 (从凝结硬化开始到 90d 的总收缩) 提出要求	①给出最终收缩范围：无热养护：0.6‰~0.8‰；热养护后 (48h@90℃)：0‰ ②给出收缩估算方法 ③在初始试验中测定	标准 UHPC 收缩：①标准热养护过程约为 0.45‰；②热养护完成后约为 0.05‰；③不采用热养护，总收缩约 0.55‰	(不详)	本书第 3 章建议：①自收缩测试与评估方法 ②最终收缩范围无热养护：0.6‰~0.8‰；热养护后 (48h@90℃)：0‰
徐变	①对足够成熟 UHPC 加载，徐变非常小；经过 TT2 或 TT1+2 热养护，可认为无徐变。②设计中考虑徐变，可根据设计在标准养护中模型计算和控制	①给出最终徐变系数范围：无热养护：1.0 ($t_0=7d$) 0.8~1.0 ($t_0=28d$) 热养护后 (48h@90℃)：0.2~0.4 ②给出徐变估算方法 ③在初始试验中测定	①给出徐变估算方法 ②未做试验。标准 UHPC 的徐变系数通常取为 0.4	(不详)	本书第 3 章建议：①受压徐变测试方法 ②最终徐变系数范围：无热养护：1.0 ($t_0=7d$)；0.8~1.0 ($t_0=28d$) 热养护后 (48h@90℃)：0.2~0.4
断裂能	(未涉及)	给出范围 8~25kJ/m²	(未涉及)	(不详)	本书第 3 章中给出范围 8~40kJ/m²
弯曲韧性	(未涉及)	(未涉及)	(未涉及)	(不详)	本书第 3 章中建议测试方法
抗裂要求	(未涉及)	防止早期收缩裂缝，根据约束程度选用抗拉性能等级	设计控制拉应力小于初裂抗拉强度	(不详)	本书第 3 章中说明：防止早期收缩裂缝、根据约束程度选用抗拉性能等级
粘结强度	(未涉及)	按 EN 1542 方法，测试与混凝土界面粘结强度	(未涉及)	(不详)	(未涉及)
钢筋握裹力	(未涉及)	给出范围：有肋钢筋 $\tau_{bU}=35\sim45MPa$ 无肋钢筋 $\tau_{bU}=18\sim22MPa$	应通过合适试验测定	(不详)	本书第 3 章中建议测试方法

续表

项目	法国标准 NF P18-470	瑞士标准 SIA 2052	日本指南 (JSCE)	德国指南 (DAfStb)	T/CBMF 37
抗疲劳性能	(未涉及)	给出设计计算方法	给出设计计算方法	(不详)	(未涉及)
热膨胀系数	给出范围 (8~14) ×10⁻⁶/℃	给出参考值 10×10⁻⁶/℃	给出参考值 13.5×10⁻⁶/℃	(不详)	本书第 3 章中建议测试方法和参考值范围 (10~13)×10⁻⁶/℃
表观密度	正常范围 2200~2800kg/m³	给出范围 2300~2700kg/m³	2%体积钢纤维,参考值 2550kg/m³	(不详)	本书第 3 章中给出范围 2300~2600kg/m³
抗渗性	抗渗性代表耐久性,3 个 90d 指标表征,分 2 个抗渗性等级: 基本: ① 孔隙率 D_{p90} ≤9.0% ② Cl⁻扩散系数 D_{Cl-90j} ≤50×10⁻¹⁴ m²/s ③ 气体渗透系 K_{gaz90j} ≤9×10⁻¹⁹ m² 优级: ④ 孔隙率 D_{p90} ≤6.0% ⑤ Cl⁻扩散系数 D_{Cl-90j} ≤10×10⁻¹⁴ m²/s ⑥ 气体渗透系 K_{gaz90j} ≤1×10⁻¹⁹ m²	用吸水率评估 UHPC 层的抗渗性 (EN 13057, 1925),要求平均毛细孔系数≤100g/m²h⁰·⁵	标准 UHPC 参考值: ① 孔隙率约 4%体积 ② Cl⁻扩散系数 0.0019cm²/a (~0.6×10⁻¹⁴ m²/s) ③ 空气渗透系不超过 1×10⁻¹⁹ m² ④ 水渗透系数 4×10⁻¹⁹ m/s	是否规定抗渗性,不详,介绍是: ① 限制最大耐久性,获得最大耐久性 w/c <0.25, ② 限制 w/c <0.35,获得高耐久性	抗渗性代表耐久性,标准养护、标准热养护 UHPC 基体 Cl⁻扩散系数 D_{Cl} 表征,分 2 个抗渗性等级: ① UD20: 2.0< D_{Cl} <20.0×10⁻¹⁴ m²/s ② UD02: D_{Cl} ≤ 2.0×10⁻¹⁴ m²/s
耐久性要求	适用于所有 EN 206 定义的暴露环境与等级;原材料要求限制氯含量和预防 AAR,用于潮湿环境检验 DEF	适用于所有 EN 206 定义的暴露环境与等级,无其他要求	使用非碱活性骨料;暴露于重化学腐蚀需要表面防护,其他不需要检验	适用于所有 EN 206 定义的暴露环境与等级;增设 XA4 化学腐蚀类别和作用等级,无需附加防护	本书第 3 章建议:2 个抗渗性等级分别适用于 GB/T 50476 定义的环境类别和作用等级(不包括重化学腐蚀环境),无其他要求
耐磨性	与玻璃磨蚀率对比,分为普通、高和超高耐高冲磨 3 个等级	指导性要求	(未涉及)	涉及,具体要求不详	本书第 3 章中建议抗冲磨测试方法
防火性	执行相关标准与要求	指导性要求	需要时检验	涉及,具体要求不详	本书第 3 章中建议指导性要求
生产控制	预混料生产质量控制要求	预混料和直接制备生产质量控制要求	现场 UHPC 生产浇筑质量控制	有,具体要求不详	本书第 3 章中建议预混料生产质量控制要求

参 考 文 献

［1］ Yudenfreund，M.，et al. Hardened Portland Cement Pastes of Low Porosity-Ⅰ & Ⅱ（abstract）. Cement and Concrete Research，1972，2(3)：313-348.

［2］ Roy，D. M.，et al. Very High Strength Cement Pastes Prepared by Hot Pressing and other High Pressure Techniques(abstract). Cement and Concrete Research，1972，2(3)：349-366.

［3］ Buitelaar，P. Ultra-High Performance Concrete：Developments and Applications During Last 25 Years. Proceedings of International Symposium on Ultra-High Performance Concrete，2004：25-35.

［4］ EP0010777A1 "Shaped article and composite material and method for producing same"，filing on 5-11-1979.

［5］ Pfeifer，C.，et al. Investigations of the Pozzolanic Reaction of Silica Fume in Ultra High Performance Concrete（UHPC）. Proceedings of International RILEM Conference on Material Science-AdIPoC-Additions Improving Properties of Concrete-Theme 3，2010：287-298.

［6］ Scheydt，J. C. et al. Microstructure of Ultra High Performance Concrete（UHPC）and its Impact on Durability. Proceedings of the 3rd International Symposium on Ultra High Performance Concrete，Kassel，Germany，2012：349-356.

［7］ Bache，H. H. Compact Reinforced Composite-Basic Principles. CBL Report No. 41，Aalborg Portland，1987.

［8］ Richard，P.，Cheyrezy，M. Composition of Reactive Powder Concretes. Cement and Concrete Research，1995，25：1501-1511.

［9］ TECHNOTE：Ultra-High Performance Concrete，FHWA Publication No：FHWA-HRT-11-038，March 2011.

［10］ Wille，K.，et al. Ultra-High Performance Concrete With Compressive Strength Exceeding 150 MPa （22 ksi）：A Simpler Way. ACI Materials Journal，Jan. -Feb. 2011：40-54.

［11］ 赵筠，等. 钢-混凝土复合的新模式——超高性能混凝土（UHPC/UHPFRC）之四：工程与产品应用，价值、潜力与可持续发展. 混凝土世界，2014(1)：48-64.

［12］ A. Spasojević. Structural Implications of Ultra-High Performance Concrete Fibre-Reinforced Concrete in Bridge Design. EPFL，THÈSE No 4051，2008.

［13］ Naaman，A. E. Tensile strain-hardening FRC composites：Historical evolution since the 1960. Advances in Construction Materials，2007：181-202.

［14］ JSCE. Recommendation for Design and Construction of High Performance Fiber Reinforced Cement Composites with Multiple Fine Cracks（HPFRCC）. Concrete Engineering Series 82，March 2008.

［15］ Vande Voort，T. et al. Design and performance verification of ultra-high performance concrete piles for deep foundations. Final Report，2008，IHRB Project TR-558，Center for Transportation Research and Education，Iowa State University.

［16］ Scheydt，J. C. et al. Long term behaviour of ultra high performance concrete under the attack of chloride and aggressive waters. Proceedings of the 2nd International Symposium on Ultra High Performance Concrete，Kassel，Germany，2008：231-238.

［17］ BRITE/EURAM 2：Summary of Minimal structures using high strength concrete. BRE20351，1995.

［18］ 赵筠. 钢筋混凝土结构的工作寿命设计—针对氯盐污染环境. 混凝土，2004(1)：3-15，21.

［19］ 日本土木学会《超高强度纤维补强コンクリートの设计施工指针(案)》附参考资料，2004.

［20］ 赵筠，等. 钢-混凝土复合的新模式——超高性能混凝土（UHPC/UHPFRC）之三：收缩与裂缝，耐高温性能，渗透性与耐久性，设计指南. 混凝土世界，2013(12)：60-71.

[21]　Charron, J. P. , et al.　Transport properties of water and glycol in an ultra high performance fiber re-inforced concrete (UHPFRC) under high tensile deformation. Cement and Concrete Research, 2008, 38: 689-698.

[22]　Pimienta, P. , et al.　Durability of UHPFRC specimens kept in various aggressive environments. 10DBMC International Conference On Durability of Building Materials and Components, Lyon, France, April 2005.

[23]　Graybeal, B.　UHPC in the U. S. highway infrastructure. Proceedings of Designing and Building with UHPFRC: State of the Art and Development, 2009, France.

[24]　NF P18-470 Concrete-Ultra-high performance fibre-reinforced concrete-Specifications, performance, production and conformity, July 2016.

[25]　SIA 2052 Recommendations: Ultra-High Performance Fibre Reinforced Cement-based composites (UHPFRC)-Construction material, dimensioning and application, April 2016.

[26]　JSCE.　Recommendations for Design and Construction of Ultra High Strength Fiber Reinforced Concrete Structures (Draft), JSCE Guidelines for Concrete No. 9, 2006.

[27]　Schmidt, M. presentation 'Standardization of UHPC in Germany, Part I: Overall Approach and Material Requirements' at 4th International Symposium on UHPC, March 2016, Kassel, Germany.

第 3 章

超高性能混凝土应用中需要关注的问题、
材料性能与取值建议

3.1 超高性能混凝土的定义与特点特征

3.1.1 命名

T/CBMF 37—2018 标准规定的超高性能混凝土（Ultra-High Performance Concrete，简称 UHPC），等同于以下国外材料：

（1）法国：超高性能纤维混凝土，Béton Fibré Ultra-Performant，BFUP。

（2）德国：超高性能纤维混凝土，Ultra-Hochleistungs-Faserbeton，UHFB。

（3）日本：超高强纤维增强混凝土，Ultra-high Strength Fibre Reinfored Concrete，UFC。

（4）瑞士：超高性能纤维增强水泥基复合材料，Ultra-High Performance Fibre Reinforced Cement-based Composite，UHPFRC。

在命名上，最后一种最为恰当。为了简洁和方便记忆，T/CBMF 37—2018 标准采用了上述的通俗叫法。在实际生产和应用中，不宜将它按传统混凝土对待，应按纤维增强水泥基复合材料来理解。

3.1.2 UHPC 的特点与性能特征

1. 在材料配制上有以下特点：

（1）按颗粒密实堆积理念进行配合比设计，水胶比一般小于 0.20，不宜超过 0.25；最大骨料粒径通常小于 2.5mm，根据应用需要也可使用更大粒径的骨料。

（2）采用高抗拉强度短纤维进行增强增韧。使用钢纤维，抗拉强度宜不低于 2000MPa；也可使用其他高强有机或无机纤维。

2. UHPC 具备以下性能特征：

（1）对常见导致水泥基材料劣化或破坏的作用，有良好的抵抗或免疫能力，包括钢筋腐蚀、碳化、冻融循环破坏、碱-骨料反应、延迟钙矾石生成、硫酸盐侵蚀等。

（2）有较高的抗拉强度和抗变形能力：一般，抗拉强度大于 5MPa，峰值应力应变大于 1500 微应变；可实现单轴拉伸的应变硬化行为；具有高抗冲击性能，可用于防爆或防侵彻。

（3）有较高的抗压强度，一般大于 120MPa。

（4）如果经过标准蒸汽养护（蒸汽养护 90℃恒温 48h，升降温速率不超过 15℃/h），其收缩基本完成，随后的收缩和徐变小至可以忽略。

3. 鉴于其材料本性，仍有以下不足：

（1）有些性能虽有明显提高，但尚未达到理想水平，如耐强酸或高腐蚀性盐类的能力尚不足；耐磨、防火等性能须是专门设计制备的 UHPC，才具备较高性能水平。

（2）对于现浇构件，UHPC 的早期收缩不可忽视。

（3）在大多数场合，UHPC 为各向异性材料，受纤维分布和取向影响，有尺寸效应。

3.1.3 定义

UHPC 的特点之一是"高强"。除了高的抗压、抗拉与抗弯强度外，还指高的抗裂、抗剪、抗扭、抗疲劳、抗冲击强度，以及高的钢筋锚固、高的与混凝土粘结强度等。其中，拉伸性能综合体现了 UHPC 的力学性能——既反映了基体强度，又凸显了使用纤维的效能，它与抗弯、抗裂、抗剪、抗扭、抗疲劳、抗冲击、抗爆等性能密切相关；也为结构设计直接提供了系列重要性能参数。因此，拉伸性能是 UHPC 的关键力学性能，是它区别于传统水泥基材料的基本特征之一。

UHPC 的另一特点是"高耐久"。它很好地克服了传统混凝土常见的耐久性问题，没有其他工程材料耐腐蚀或耐候性差的缺点，可以实现长期服役，这是它另一最有价值和不同于传统水泥基材料的性能。UHPC 的耐久性最终归结为抗渗性，可以用孔隙率、透气性或氯离子扩散系数来表征。在试验测试的可操作性和辨识度方面，宜用氯离子扩散系数表征 UHPC 的抗渗性。

因此，T/CBMF 37—2018 标准将抗拉性能和基体抗渗性能作为基本力学和物理性能，用于定义 UHPC（见 T/CBMF 37—2018 术语 3.1.1），并用标准规定的量化技术指标明确界定为：

氯离子扩散系数≤$20 \times 10^{-14} m^2/s$，同时满足弹性极限抗拉强度≥5MPa、0.15％拉伸应变时对应的拉伸强度≥3.5MPa，且抗压强度≥120MPa 的纤维增强水泥基复合材料。

需要说明的是，在 UHPC 满足了抗渗和抗拉性能要求后，结构设计需要的抗压强度通常会得到满足或高于需求。

对于纤维增强水泥基复合材料而言，其本质特性为：基体密实度越高，其抗渗性和抗压强度也就越高；基体与纤维间的粘结强度也会相应提高，从而才有可能实现高的抗拉性能。

（UHPC 与其他水泥基材料的异同、国外标准对 UHPC 的要求，见第 2 章）

3.1.4　常用性能指标参考值

UHPC 的常用性能指标参考值见表 3-1。

3.2　UHPC 使用的原材料

3.2.1　粉体材料与骨料

通常由水泥、硅灰、石英粉、石英砂、减水剂等组成。可含有矿物掺和料如粉煤灰、磨细高炉矿渣、石灰石粉等，也可添加适合的无机颜料。

原材料基本要求可执行 GB/T 31387 中有关原材料的规定，允许使用非硅质粉体材料和骨料，不限制粉体材料和骨料中的二氧化硅含量。

粉体材料与骨料，在保证无放射性、无有害成分的前提下，鼓励选用工业固体废料。

3.2.2　纤维材料

宜选用钢纤维；可选用耐碱玻璃纤维或玄武岩纤维、聚乙烯醇纤维或复合使用。

选用的短切耐碱玻璃纤维宜符合 JC/T 572 的规定；耐碱玻璃纤维网格布宜符合 JC/T 841 的规定；短切玄武岩纤维宜符合 GB/T 23265 的规定；短切聚乙烯醇纤维宜符合 GB/T 21120 的规定。

3.2.3　外加剂

宜选用高效或高性能减水剂，满足配制水胶比小于 0.20 的需求。

根据施工性能要求，可选用调黏剂、调凝剂、保坍剂、减缩或膨胀剂等外加剂。不建议添加任何类型的阻锈剂。

表 3-1　UHPC 常用性能指标参考值

性能指标	符号	单位	参考值
氯离子扩散系数	D_{Cl}	m²/s	$\leqslant 20 \times 10^{-14}$
抗拉强度	f_{tu}	MPa	5~15
弹性极限抗拉强度	f_{te}		5~10
抗弯强度[a]	f_b		15~40
弹性极限抗弯强度[a]	f_{be}		10~15
抗压强度	f_{cu}		120~250
弹性模量	E	GPa	40~60
泊松比	μ	—	0.2
峰值拉应变	φ_{tu}	%	0.1~0.5
比断裂能	G_F	kJ/m²	8~40
收缩应变终极值[b]	ε	%	非蒸养：0.06~0.08 经蒸养：0.05~0.06，蒸养后收缩可忽略
徐变系数终极值[b]	φ	—	非蒸养：0.8~1.0 经蒸养：0.2~0.4
热膨胀系数	α	1/℃	$(1.0 \sim 1.3) \times 10^{-5}$
表观密度	ρ	kg/m³	非钢纤维：2200~2400 钢纤维：2400~2600，体积掺量 1%~5%

a　在 GB/T 50081 中称为抗折强度；
b　指经过标准蒸汽养护。

3.3　UHPC 拌合物的施工性能

3.3.1　概述

UHPC 拌合物的黏度通常较高，但稠度可以达到较低水平，能实现自密实，易于泵送和浇筑。成型时，应综合考虑工作性和成型方法对气泡排出和纤维分布的影响。

对于自密实、大流态的 UHPC 拌合物，可采用坍落扩展度来评价其工作性。对于塑性和低塑性拌合物，可采用坍落度来评价其工作性。干硬性或需要挤压、强力振捣成型的拌合物，可根据具体的浇筑成型方法，选择合适的工作性或施工性能评价指标。

与传统混凝土相比，UHPC 拌合物的泌水和浆骨离析趋势小，钢纤维的离析或沉降趋势大。对于含钢纤维的 UHPC，需要特别关注浇筑和成型密实方法对纤维分布的影响。

3.3.2　自密实拌合物的坍落扩展度要求与等级

自密实 UHPC 拌合物的坍落扩展度宜不小于 500mm，可划分为 USF600（500mm≤SF＜700mm）和 USF800（700mm≤SF＜900mm）两个等级。坍落扩展度可按 GB/T 50080 中试验方法进行测定。

USF600 等级拌合物，宜借助机械或刮耙等辅助布料；USF800 等级拌合物可自流浇筑。含钢纤维的自密实 UHPC，不宜采用高频振动成型。

3.3.3　非自密实拌合物的坍落度

采用坍落度表征和评价非自密实拌合物的施工性能，宜根据施工需要以及对纤维分布和方向性的影响，由相关方协商确定适宜的坍落度范围。

对于使用钢纤维的 UHPC，不宜采用长时间高频振动，避免钢纤维的不均匀沉降。

3.3.4　拌合物的可工作时间

新拌拌合物的可工作时间，以及初凝、终凝时间长短，宜根据施工需求，具体规定。

3.4　UHPC 的耐久性与适用环境

3.4.1　UHPC 的耐久性

T/CBMF 37—2018 标准用氯离子扩散系数表征 UHPC 的抗渗性。UD20 和 UD02 抗渗等级的氯离子扩散系数分别比高强和高性能混凝土（HSC/HPC）低一和两个数量级（表 3-2），可用于大多数腐蚀性环境。

除另有规定外，凡满足 T/CBMF 37—2018 标准规定抗渗性能要求的，无需测试诸如碳化、抗冻等传统混凝土要求的耐久性指标。理论和实践表明，传统混凝土耐久性的部分测试方法已不适用于 UHPC，不宜照搬硬套，宜用新观念来看待 UHPC：

（1）宜将 UHPC 看成是对冻融循环破坏、碱-骨料反应（AAR）和延迟钙矾石生成（DEF）破坏有免疫能力的材料（参见第 2 章第 2.3.2.2 节）。

（2）UHPC 所达到的抗渗性，对钢筋、钢纤维保护能力有了"质"的提高，碳化和氯离子侵入（或内部含氯盐）并无法引发严重腐蚀；除重化学腐蚀外，对自然环境中存在的硫酸盐侵蚀、弱酸性腐蚀等也具有很高的抵抗能力。抗渗性达到 T/CBMF 37—2018 标准规定的 UD02 等级后，UHPC 足以抵抗自然环境的侵蚀。

表 3-2　混凝土中的氯离子扩散系数参考值

抗压强度等级	氯离子扩散系数（$\times 10^{-14} \mathrm{m^2/s}$）
C30～C40	≥ 500
C40～C80	500～100
C80～C100	100～50
C100～C120	50～20
UC120～150	20～2
UC150～180	≤ 2

注：T/CBMF 37—2018 标准附录 A 试验方法测量值。

裂缝有可能会降低 UHPC 的抗渗性与耐久性，在结构设计或应用中应考虑此问题，见 3.4.2 节说明。

3.4.2　UHPC 的裂缝与耐久性

UHPC 的早期收缩主要为自收缩。受到约束时，收缩应变部分转变成徐变，部分收缩可能引发裂缝或微裂纹。

试验研究与工程应用显示，只要 UHPC 处于微裂纹（＜0.05mm）状态，裂缝会较快自愈，且不会明显降低抗渗性、耐久性和力学性能（参见第 2 章第 2.3.2.3 节）。UHPC 结构设计通常会将最大拉应力限制在弹性极限抗拉强度内，避免裂缝。对于早期收缩受到强约束的场合，例如混凝土-UHPC 和钢-UHPC 复合结构等相互粘结的结构类型，新浇筑 UHPC 的收缩会受到混凝土或钢的较强约束，此时宜选用抗拉性能等级高的 UHPC，以确保早期收缩导致的裂缝为多缝和微裂，避免损害抗渗性与耐久性。

瑞士标准 SIA 2052 要求：约束程度低于 0.6，可使用 UA（对应 T/CBMF 37—2018 标准中的 UT07）等级 UHPC；约束程度高于 0.8，应使用 UB（对应 UT10）等级 UH-PC；约束程度介于 0.6～0.8，如使用 UA 等级，需要进行详细的结构行为分析，确保能够满足要求。

3.5 UHPC 适用环境与服役寿命

3.5.1 适用环境

UHPC 适用于标准《混凝土结构耐久性设计规范》（GB/T 50476）定义的所有类别和等级的使用环境。但 UHPC 会受重化学腐蚀破坏，如暴露于高酸性（pH<3.5）液体或高腐蚀性盐中。在重化学腐蚀暴露环境（多为工业环境）应用时，需对 UHPC 暴露表面进行防护。

3.5.2 钢纤维 UHPC 的服役寿命

与传统钢筋混凝土、钢材、铝材、木材、工程塑料等工程材料相比，UHPC 在耐腐蚀、耐候性方面拥有较大优势，可实现更长的服役寿命。在日本指南中，UHPC 工程结构的设计寿命为 100 年；法国标准中，UHPC 工程结构设计服役寿命分为 50 年、100 年和 150 年，对应于不同的抗渗性等级与环境条件要求。

采用钢纤维的 UHPC 工程结构，根据工程所处环境等级，可按表 3-3 规定其抗渗性等级，设计基准服役寿命可设定为 100 年。

表 3-3 抗渗性能等级与适用环境等级

等级	适用的环境等级
UD20	GB/T 50476 中规定的 A、B 等级
UD02	GB/T 50476 中规定的 C、D、E、F 等级

基准服役寿命 100 年，指满足相应抗渗性等级要求，在正常设计荷载内，在《混凝土结构耐久性设计规范》（GB/T 50476）定义的所有类别和等级的暴露环境中，正常使用的服役寿命。不包括受磨损、重化学腐蚀、地震、火灾、爆炸等影响的工程结构。

3.5.3 其他纤维增强的 UHPC

目前，对埋在 UHPC 基体内有机纤维的长期老化行为、耐碱玻璃纤维和玄武岩纤维的长期耐碱腐蚀行为，还缺乏足够了解。慎重起见，不建议将这两类纤维用于长期受荷的重要结构，特别是需要长寿命工作（超过 50 年）的受拉、受弯构件及有疲劳荷载的场合。

3.5.4 其他应用场合

针对重化学腐蚀、抗磨或抗冲磨、抗冲击、抗爆、防火等的应用，UHPC 也具有性能优势。对于这类应用，需要结合相关标准规定，有针对性地进行产品开发和性能测试。

3.6 UHPC 的基本力学性能

3.6.1 概述

可将 UHPC 简化为一种由致密、高强、脆性的水泥砂浆或混凝土作为基体与短纤维组成的两相复合材料。其力学性能的高低受两者自身力学性能，以及两者界面结合强度和破坏模式的影响。

UHPC 的力学性能会受短纤维分布与取向的影响。如图 3-1 中所示的几种情况，即使材料组成和配比相同，其表观力学性能也有差异。

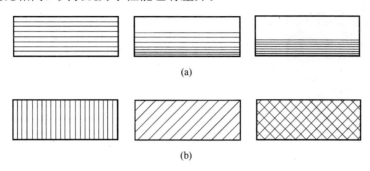

图 3-1　纤维可能的分布示意图
(a) 纤维分布不同；(b) 纤维取向不同

本质上，UHPC 是一种各向异性的复合材料，有明显的尺寸效应。在结构设计、浇筑建造实际构件或成型试件、性能测试时，需综合考虑这些因素。

纤维种类和掺量会显著影响 UHPC 的破坏模式。UHPC 平行试验表明（参见本书第 4 章），同种水泥砂浆分别掺入相近体积的钢纤维和玻璃纤维，前者可呈现应变硬化，后者却呈脆性断裂；使用相同型号钢纤维但掺量不同的 UHPC，可呈现出不同拉伸破坏行为——脆断、应变软化或应变硬化。要想获得应变硬化行为，使用不同种类、尺寸和形状的纤维，会有不同的临界纤维体积掺量。

也可将 UHPC 等效为一种配筋混凝土。纤维和掺量不同，可等效为不同的配筋形式与配筋率。

纤维对 UHPC 抗拉性能的影响程度和复杂性，远远大于对抗压性能的影响，故抗拉强度与抗压强度之间不存在简单、固定的换算关系。UHPC 抗弯性能与抗拉性能密切相关，但对于不同水泥砂浆基体、不同纤维和掺量，也不存在普适的固定换算公式。对于每种固定原材料和配合比的 UHPC 应进行系统试验，建立其抗拉、抗弯、抗压等性能与基体性能、纤维品种和掺量的关系，以便于材料配制和结构设计。

3.6.2　抗拉性能

部分工程不需要 UHPC 具备应变硬化行为，故 T/CBMF 37—2018 标准规定 UHPC 的最低等级允许应变软化；为了避免脆断，规定在达到 0.15％拉伸应变时，抗拉强度应能维持在 3.5MPa 以上。

弹性极限抗拉强度是结构设计需要的重要性能指标，故按该值规定了 UHPC 的最低抗拉性能等级，即 UT05。这一分级，高于日本对 UHPC 的最低要求，但低于法国、瑞士标准的最低等级 UHPC 性能要求。

T/CBMF 37—2018 标准规定的 UT07 和 UT10 等级分别等同于瑞士标准的 UA 和 UB 等级。经 UHPC 平行试验验证（参见第 4 章），目前我国可以生产制备出这些等级的 UHPC。

需要说明：T/CBMF 37—2018 标准规定的三个等级是各等级的最低限值，要求对应的指标须全部达到，才算合格。故每一等级都对应一个取值区域，如图 3-2 所示。

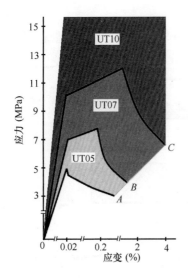

图 3-2　各抗拉性能等级应力-应变
曲线的区域

(注: *OA*、*OB*、*OC* 分别为 UT05、
UT07、UT10 分级下限示意)

这样的分级能适应于 UHPC 的多样性,也利于材料制备和结构应用。

3.6.3　抗弯性能

尺寸固定、匀质材料的抗弯强度和抗拉强度间存在固定关系。对于各向异性和存在尺寸效应的 UHPC,采用不同形状和不同尺寸试件获得抗弯强度和抗拉强度间不一定存在固定的换算关系。

尽管国外标准中提供了用 UHPC 的抗弯试验来反演计算抗拉性能的试验方法和计算公式,但在实际试验中,既不能保证反演计算结果的正确性,也不能确定计算结果是否与材料的实际抗拉性能相一致。因此,T/CBMF 37—2018 标准暂不建议通过抗弯试验来反演计算 UHPC 的抗拉性能。

大多数企业目前不具备高精密的拉伸试验机,通常具备可伺服加载的混凝土抗折试验机。如果定义 UHPC 的弹性极限抗弯强度 (Elastic limit flexural strength) f_{be} 为:

(1) 执行 GB/T 50081 抗折试验时,试件底面达到弹性极限点时所计算出的弯拉应力。

(2) 规定:该弹性极限点可由粘贴在试件底面中心的应变片和测得的荷载-应变曲线确定,对应于所测荷载-应变曲线中,由线性转变为非线性时的点。当弹性极限点不明显时,取变形为 200 微应变时对应的拉抻应力。

按上述规定,即可对 UHPC 的抗弯性能进行分级,以利于生产和质量控制。

规定抗弯标准试件尺寸为:100mm×100mm×400mm,一组 6 个;按上述定义和测试方法,执行 GB/T 50081 中的抗折强度试验,按表 3-4 对 UHPC 的抗弯性能进行分级。

表 3-4　抗弯性能分级

等级	f_{be} (MPa)	f_b (MPa)
UB10[a]	—	≥ 15.0
UB20	≥ 10.0	≥ 20.0
UB30	≥ 15.0	≥ 30.0
同一等级中所列出的指标数值应同时满足;否则,应降级		
a　允许应变软化		

注:可将抗弯性能分级列在基本性能分级标记之后。

需要说明的是,表 3-4 给出的 UHPC 抗弯性能分级与 T/CBMF 37—2018 表 1 中的抗拉性能分级不一定一一对应,各实验室可根据自己的实测统计数据自行调整。

3.6.4　抗压性能

国外标准,如法国、瑞士和德国标准,都规定了 UHPC 的最低抗压强度,并进行了分级，以便于生产和设计计算。瑞士标准将 UHPC 分为 120MPa、160MPa 和 200MPa 三个等级。

现有的钢筋混凝土结构设计方法习惯上要求对混凝土进行抗压强度等级分级，以便于列表取值计算。这种方法简单、方便，但对于 UHPC 不尽合理。

T/CBMF 37—2018 标准参照瑞士标准，考虑实际工程应用，按 UHPC 弹性模量 40GPa、45GPa 和 50GPa 对应的抗压强度范围，基于 UHPC 平行试验（参见第 4 章），确定了 UC120、UC150 和 UC180 三个抗压强度等级。

按以往试验数据和经验，只要同时满足了 T/CBMF 37—2018 标准规定的 UHPC 抗渗性能和抗拉性能，其抗压强度通常会满足或高于结构设计要求。

3.7 关于抗渗性能、抗拉性能、抗压性能分级间的关系

T/CBMF 37—2018 标准规定的抗渗性能、抗拉性能和抗压性能分级并非相互独立，也非一一对应，它们之间的经验关系可参见表 3-5。

通常情况是：

（1）满足 UC180 等级要求的 UHPC，其抗拉性能和抗渗性能容易同时满足 UT07 和 UD02 的要求；要达到 UT10 等级，则需精心配制。

（2）满足 UC150 等级要求的 UHPC，其抗拉性能和抗渗性能容易同时满足 UT05 和 UD20 要求；要同时满足 UT07 和 UD02 的要求，则需精心配制。

（3）介于 UC120 和 UC150 等级的 UHPC，其抗渗性能可以达到 UD20 等级，不易满足 UD02 要求；抗拉性能可以达到 UT05 等级，不易满足 UT07 的要求。

（4）要获得应变硬化，UHPC 宜同时满足 UC150 和 UT07 的要求。

表 3-5 不同指标分级间的相互关系

抗压性能等级	抗拉性能等级		抗渗性能等级	
	通常满足	可能满足	通常满足	可能满足
≥UC180	UT05/UT07	UT10	UD02	—
≥UC150	UT05	UT07	UD20	UD02
≥UC120	—	UT05	—	UD20

3.8 超高性能混凝土的其他性能

3.8.1 其他物理力学性能

UHPC 的其他物理力学性能，可按表 3-6 中的试验方法和试件尺寸进行测定。

3.8.2 耐火性能

UHPC 的耐火性能差异性较大，低耐火的 UHPC 与普通混凝土耐火性能相似，高耐火的 UHPC 耐受 600℃ 高温仍能保持强度和弹模不显著降低。高耐火 UHPC 需针对耐火性能要求进行专门配制。

设计应对 UHPC 的耐火性能提出要求，按指定标准进行检验。

表 3-6　其他物理力学性能及试验方法

性能指标	符号	单位	试验方法	试样尺寸（mm）	试件数量
劈裂抗拉强度[a]	f_{ct}	MPa	GB/T 50081	$100\times100\times100$ $\phi100\times200$	3
轴心抗压强度[b]	f_{cp}			$100\times100\times300$	3
受压弹性模量[c]	E_c	GPa		$100\times100\times300$ $\phi100\times200$	3
泊松比	μ	—	ASTM C469	ASTM C469 规定尺寸	3
热膨胀系数	α	1/℃	DL/T 5150	DL/T 5150 规定尺寸	2
钢筋握裹力	τ	MPa			6
受压徐变	φ_t	—	GB/T 50082	$100\times100\times400$	3
抗压疲劳	S-N			$100\times100\times300$	6
收缩性能	ε_{st}	—		$100\times100\times515$	3
弯曲韧性	—		CECS 13	CECS 13 规定尺寸	3
抗冲磨性能[d]	f_a	—	DL/T 5150	DL/T 5150 规定尺寸	3

a，c　试样尺寸由设计方或供需双方协议规定。

a，b，c　应记录应力-应变及荷载-位移曲线。

d　具体采用的抗冲磨试验方法，应根据应用场合的冲磨机理，由设计方或供需双方协议规定。

3.9　超高性能混凝土的收缩特性

3.9.1　早期收缩

UHPC 早期要经历多种因素导致的体积变化，包括化学减缩、自收缩、干燥收缩以及温度升降引起的胀缩。这里所述的早期收缩，指化学减缩（也称作"凝结收缩"）、自收缩和干燥收缩。化学减缩源于水泥水化反应的体积减缩（水化产物体积小于反应物体积），在凝结前（塑性状态）可导致混凝土外观体积收缩，即凝结收缩。自收缩定义为绝湿恒温状态（无水分损失），混凝土内部自生干燥（水泥水化消耗拌和水）引起的外观体积收缩；干燥收缩则是指恒温状态混凝土水分损失引起的外观体积收缩。

UHPC 早期收缩的基本特征为：凝结收缩和自收缩占比大，干缩占比小（与普通混凝土相比）。

UHPC 的凝结收缩发生在塑性阶段，会导致表面沉降，通常不会导致应力，但沉降受限制，如被钢筋、模板等阻挡，有导致空鼓或裂缝的危险，在施工中应考虑并加以避免。自收缩和干燥收缩发生在 UHPC 凝结硬化过程，受到约束会导致拉应力甚至开裂，需要重点关注。

不同试验方法测量的 UHPC 早期收缩或自收缩，结果相差较大，其中有 UHPC 材料本身的差异，但主要差异来源于测量方法和起始点的不同。在 UHPC 凝结过程（初凝至终凝）的收缩，受到约束虽也能导致应力，但会因徐变而松弛，故终凝前的收缩可不纳入开裂风险评估。对于自收缩，宜将终凝时间点设定为自收缩起始点（即本书附录中附录图 2 中 t_1+t_2 的时间点）。

3.9.2　总收缩

UHPC 的总收缩为自收缩与干燥收缩之和。自收缩与干燥收缩的机理相同，区别仅在于前者源于内部自生干燥，后者是水分散失引起干燥。UHPC 的水胶比和水灰比非常低，故内部自生干燥出现较早、干燥程度较大，所导致的自收缩也相对较早较大；与此同时，可供蒸发损失的水分较少，故干燥收缩较小。日本的研究显示，当水胶比介于 0.23～0.17 时，总收缩中 80％以上来源于自收缩。

采用湿热养护，UHPC 的自收缩可较快完成。如果经过了标准蒸汽养护（90℃恒温 48h、升降温速率不超过 15℃/h），可视为收缩完成，体积稳定。

3.9.3　收缩控制

原则上，普通混凝土降低自收缩或收缩补偿的方法也适用于 UHPC。研究和工程实践证明，采用内养护技术、减缩剂、膨胀剂等，对减小 UHPC 收缩是有效的。但在选择使用这些技术、方法和材料之前，需要试验评估它对 UHPC 力学性能和抗渗性的影响。

早期保湿养护，对降低 UHPC 干燥收缩非常重要。在 UHPC 硬化前，拌合水大部分还未参与水化反应，且此时还处于高渗透性状态，水分很容易蒸发散失，因此需要特别注意早期保湿养护，以避免水分散失。

3.9.4　收缩测试与取值

UHPC 的早期变形和自收缩可采用本书附录方法测定，也可采用 GB/T 50082 中非接触法收缩试验测定。采用后者时，试件表面应进行密封以防止水分散失。

测定 UHPC 常温条件下的自收缩和总收缩，测量周期应不低于 90d。

测定经湿热养护 UHPC 的总收缩，可先测量湿热养护前的自收缩，接着测量湿热养护过程产生的收缩，两阶段测量收缩加和即为总收缩。

没有试验数据时，设计时宜考虑 UHPC 的总收缩，可在表 3-1 所列收缩范围中取值。

3.10　超高性能混凝土的各向异性与纤维取向影响系数

3.10.1　各向异性与尺寸效应

浇筑方法与程序会明显影响 UHPC 中的纤维分布，包括取向和均匀性。例如，纤维的分布方向趋向于浇筑时材料流动的方向，分层浇筑纤维趋向平面分布，模板附近纤维趋向于平行于模板平面分布（模板"墙效应"），重力和振捣作用可能导致钢纤维沉降，等等。短纤维取向与均匀性的差异，可导致 UHPC 力学性能的各向异性，需要在结构设计与施工中重视与考虑。

实验室试件与实际结构在尺寸、浇筑方式和顺序上会有所不同，纤维取向与均匀性会有明显差异，这可导致试件与结构之间，以及结构不同部位和不同方向上材料性能的差异。法国标准采用纤维取向影响系数来体现这种差异，通过试件强度除以纤维取向影响系数来考虑它的不利影响。纤维取向影响系数不是安全系数，它体现了实验室试件与结构上材料力学性能的差异。对于 UHPC，纤维取向影响系数是一个重要参数。

参考法国标准，3.10.2 节推荐了纤维取向影响系数的确定方法和直接取值。

3.10.2　纤维取向影响系数确定方法与取值

（1）采用相同尺寸的标准试件抗弯强度与实体构件中切取试件抗弯强度的比值，确定纤维取向对混凝土抗弯性能的影响系数。

（2）实体切取试件的方向应至少考虑两个纤维取向，即平行于浇筑方向和垂直于浇筑方向。

（3）纤维取向影响系数包括平均值 α_1 和最大值 α_2 两个指标，其计算方法分别为：

① α_1＝标准试件的平均抗弯强度/实体切取的所有试件平均抗弯强度（通常：$1.0 \leqslant \alpha_1 \leqslant 2.0$）。

② α_2＝标准试件的平均抗弯强度/实体切取的所有试件中的最小抗弯强度（通常：$1.0 \leqslant \alpha_2 \leqslant 2.5$）。

（4）若无实测数据时，可取 α_1＝1.25，α_2＝1.75。

（5）考虑构件厚度 h 对纤维取向影响，可按以下方法进行厚度影响系数 β 的取值：

① 当 $h \leqslant 50mm$，β＝1.0；

② 当 $50 < h < 100mm$，β＝1.0～1.25；

③ 当 $h \geqslant 100mm$，β＝1.25。

（6）考虑纤维取向对实体构件抗拉强度的影响，也可按（4）、（5）进行取值。

3.11　结构设计取值

3.11.1　概述

不同的设计理念和材料本构关系决定了结构设计中材料参数取值的不同。

UHPC 是纤维增强复合材料，对于同一个抗压性能分级，可有多个抗拉强度取值；反之亦然。这也正是它的多样性和应用价值所在。因此，在进行设计前，设计师应对拟选材料进行全面性能检验，由实测抗拉、抗压材料的本构关系，结合结构类型和功能要求来选取恰当的设计与验算方法。

3.11.2　关于标准中规定值的说明

3.11.2.1　抗渗性能规定值

T/CBMF 37—2018 标准表 1 中的规定值，为按该标准附录 A 测得的平行试件的平均值或最大值。这样规定可方便材料检验。在实际工程中，材料质检结果应不大于设计抗渗等级的规定值。

结构设计只需规定 UHPC 的抗渗性能等级，要求实际检测值不超过规定等级的规定值即可。

3.11.2.2　力学性能规定值

T/CBMF 37—2018 标准表 2 和表 3 中的规定值，除非另行规定，指标准值。对于混凝土：

（1）平均值＝标准值/（1－1.645δ），其中 δ 为变异系数＝标准差/平均值。

（2）标准值与设计标准值之间的换算，由结构设计规范而定，通常受尺寸效应、施工水平、受荷及约束程度等因素影响。

（3）设计值＝设计标准值/分项系数。

将 T/CBMF 37—2018 标准表 2 和表 3 中的值规定为哪类值，对材料质检和结构设计而言，其意义是不同的。以抗压性能等级 UC150 为例，取表中规定值为标准值或平均值，其对应的设计取值是不同的，见表 3-7。

（4）对于材料工程师而言，将规定值取为标准值时，则意味着在进行材料配合比设计、检验与验收时，将要求被测试件的平均值 $f_{cu,m} \geqslant 166$MPa；取为平均值时，则按 $f_{cu,m} \geqslant 150$MPa 计。

（5）对于结构设计师而言，将规定值取为标准值或平均值时，由前者得到的设计值约是后者的 1.1 倍。

表 3-7　标准规定值取为标准值或平均值时对结构设计取值的影响

规定为标准值，$f_{cu,k}=150$（MPa）			规定为平均值，$f_{cu,m}=150$（MPa）		
平均值，$f_{cu,m}$	设计标准值，f_{ck}	设计值，f_c	标准值，$f_{cu,k}$	设计标准值，f_{ck}	设计值，f_c
166	106	75	135	95	68
规定：（1）$f_{cu,m}=f_{cu,k}/(1-1.645\delta)$，取 $\delta=0.06$；（2）$f_{ck}=0.88f_{cu,k}/\alpha$，$\alpha$ 为纤维取向影响系数，取 1.25；（3）$f_c=f_{ck}/\gamma_c$，γ_c 为材料分项系数，取 $\gamma_c=1.4$					

T/CBMF 37—2018 标准允许结构工程师根据实际需要，在特殊情况下，将标准中的表 2 或表 3 中的规定值设为平均值；此时，材料工程师应根据结构工程师的规定，进行相应的材料设计与性能参数调整。

3.11.3　参考 UHPC 性能

鉴于 UHPC 材料的多样性，要想建立一个清晰的材料性能图谱是十分困难的。提供一个容易实现且性价比较高的材料作为参考，通常是个好的办法。

基于 UHPC 平行试验（参考第 4 章），这里给出一个可参考的 UHPC 及其部分性能参数，见表 3-8。

表 3-8　参考 UHPC 的原材料组成及其关键性能指标

预混料	水胶比=0.18；骨料最大粒径<2.4mm 基体 $f_{cu,m}=(150\pm7)$MPa、$f_{cu,k}=138.5$MPa；基体 $f_{te,m}=f_{tu,m}=(7.7\pm0.8)$MPa，$f_{te,k}=f_{tu,k}=6.4$MPa
钢纤维	$f_t=2850$MPa，$\phi0.2$mm×13mm，2.5％vol
工作性	自密实，满足 USF800 要求
养护方式	T/CBMF 37—2018 第 4 章中的标准蒸汽养护
立方抗压	$f_{cu,m}=(170\pm3)$MPa、$f_{cu,k}=165.1$MPa
轴心抗压	$f_{cm}=(155\pm5)$MPa、$f_{ck}=146.8$MPa
抗拉性能	$f_{te,m}=(8.5\pm0.5)$MPa、$f_{te,k}=7.7$MPa；$f_{tu,m}=(11.0\pm0.6)$MPa，$f_{tu,k}=10.0$MPa；$f_{tu,m}/f_{te,m}=1.3$
抗弯强度	$f_{bm}=(25.0\pm0.9)$MPa；$f_{bk}=23.5$MPa
弹性模量	$E_{cm}=(47\pm2)$GPa，$E_{tm}=(49\pm2)$GPa；取 $E_c=E_t=45$GPa
泊松比	0.20
抗渗性能	[a]基体中的氯离子扩散系数 $D_{Cl}<0.75\times10^{-14}$m²/s
抗磨性能	水下钢球法：60h/(kg/m²)；[b]风砂枪法：90°时为 10h/cm，45°时为 12h/cm

a　附录 A 试验方法，不含钢纤维；

b　风压为 0.6MPa，下砂量为 129g/s。

图 3-3 是参考 UHPC 掺 2.5％vol 与不掺钢纤维时，按 T/CBMF 37—2018 标准附录 B 测试方法得到的两个试件的拉应力-应变曲线，右上角小图为应变片记录的弹性段数据。

由图 3-3 得到表 3-9 所示的参考 UHPC 试件的抗拉性能参数。可以看出，其弹性极限抗拉强度和弹性极限应变与水泥基体材料接近。因此，常将弹性极限看作是基体的开裂，也称为初裂。在工程设计阶段，可以参考这个模型。实质上，复合材料中的水泥基体与不掺纤维的基材是有差别的。同时可知，钢纤维的掺入，改变了不掺纤维时的脆断特性，使 UHPC 呈现出应变硬化行为，其抗拉强度和峰值拉应变（～1.0%）显著提高，极限拉应变可达 1.2%。

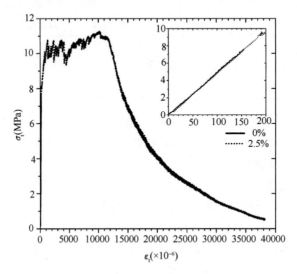

图 3-3　参考 UHPC 试件实测轴向拉伸应力-应变曲线

表 3-9　参考试件的抗拉性能参数

钢纤维掺量 （%vol）	弹性极限 抗拉强度 （MPa）	弹性极限应变 （×10⁻⁶）	弹性模量 （GPa）	抗拉强度 （MPa）	峰值拉应变 （×10⁻⁶）	极限拉应变[a] （×10⁻⁶）
0	7.6	155	49.1	7.6[b]	155[b]	—
2.5	8.0	160	49.3	11.2	10097	12708

a 在此规定为应变软化段上对应 $0.85f_{tu}$ 时的拉应变。

b 为脆断，与弹性极限抗拉强度、弹性极限应变相同

3.11.4　常规方法取值

3.11.4.1　抗渗性能取值

将 T/CBMF 37—2018 标准表 1 中的规定值作为设计混凝土的上限值。要求被测试件的平均值小于规定抗渗性能等级对应的规定值。

3.11.4.2　力学性能取值

1. 参考 GB 50010 规范

（1）将 UHPC 视作素混凝土，按 C80 混凝土的分项系数及其他修正系数进行结构验算。有试验依据时，允许取与 C80 混凝土不相同的参数取值。

（2）混凝土轴心抗拉强度标准值取为 T/CBMF 37—2018 标准表 2 中的 f_{te} 规定值；考虑纤维分布和尺寸效应，除以 1.25，作为设计标准值；然后除以分项系数，作为设

计值。

（3）混凝土轴心抗压强度标准值取为 T/CBMF 37—2018 标准表 3 中的规定值乘以
0.88。考虑尺寸效应，除以 1.25，作为设计标准值；然后除以分项系数，作为设计值。

（4）允许不同抗拉强度或抗压强度等级间按线性内插或外延法取值。

按上述原则，若取表 3-8 中的 $f_{te,m}$、$f_{cu,m}$ 的平均值标准差，混凝土分项系数统一取为
1.4，计算出的 UHPC 抗拉、抗压平均值和标准值，设计标准值和设计值分别见表 3-10
和表 3-11。

表 3-10　混凝土抗拉强度取值及初裂应变

标准值 $f_{te,k}$ (MPa)	5.0	6.0	7.0	8.0	9.0	10.0
平均值 $f_{te,m}$ (MPa)	6.0	7.0	7.9	8.9	9.9	10.9
设计标准值 $f_{te,d}$ (MPa)	4.0	4.8	5.6	6.4	7.2	8.0
设计值 f_t (MPa)	2.9	3.4	4.0	4.6	5.1	5.7
弹性模量 E_t (GPa)	40	43	45	47	48	50
初裂应变 ε_t ($\times10^{-6}$)	71	81	89	98	106	114

表 3-11　混凝土抗压强度取值及峰值应变

标准值 $f_{cu,k}$ (MPa)	120	130	140	150	160	170	180	190	200	210
平均值 $f_{cu,m}$ (MPa)	125.1	135.1	145.1	155.1	165.1	175.1	185.1	195.1	205.1	215.1
设计标准值 f_{ck} (MPa)	84.5	91.5	98.6	105.6	112.6	119.7	126.7	133.8	140.8	147.8
设计值 f_c (MPa)	60.3	65.4	70.4	75.4	80.5	85.5	90.5	95.5	100.6	105.6
弹性模量 E_c (GPa)	40	42	43	45	47	48	50	52	53	55
峰值应变 ε_c ($\times10^{-6}$)	1509	1568	1626	1676	1723	1770	1810	1848	1887	1920

表 3-12　混凝土弹性模量取值

抗拉性能等级	UT05	UT07	UT10
抗压性能等级	UC120	UC150	UC180
弹性模量 (GPa)	40	45	50

（5）视混凝土的抗拉和抗压弹性模量相等，并按表 3-12 取值，同样允许线性内插或
外延取值；那么，对应不同设计强度混凝土的抗拉初裂应变和抗压峰值应变分别见
表 3-10 和表 3-11。需要注意的是，平均值标准差及弹性模量取值不同，表 3-10 和表 3-11
中的取值也会不同。

（6）无法给出抗压极限应变值；在无实测数据时，可规定 $0.85f_c$ 对应的抗压极限应
变宜不小于表 3-11 中的 2 倍峰值应变。若规定：抗拉极限应变为 $0.85f_t$ 对应的应变值时，
要求其不小于 0.15%。

（7）有关徐变、疲劳等的计算以及对于耐磨、耐火的设计，须由实际试验而定。

2. 参考 CECS38 规程

以上述表 3-8 中的参考 UHPC 为例，将其视作普通钢纤维混凝土，那么：

（1）轴心抗压强度：因现有规范未提供 C80 以上取值，故根据表 3-8 中预混料基体实测抗压强度进行取值，材料分项系数仍取为 1.4，可计算出其轴心抗压强度设计标准值和设计值分别为：$f_{ck}=121.9MPa$，$f_c=87.1MPa$。

（2）轴心抗拉强度：按规程中式 3.3.5-1～式 3.3.5-3 进行计算。取 $l_f=20mm$，$d_f=0.2mm$，$\rho_f=2.5\%$，$\alpha_t=1.03$；取实测基体的 $f_{tk}=6.4MPa$，材料分项系数 $=1.4$，则可计算出参考试件的轴心抗拉设计标准值和设计值分别为：$f_{tk}=17.1MPa$，$f_t=12.2MPa$。显然，这一取值明显过高了。

注：若取 $\alpha_t=0.46$，则 $f_{tk}=11.2MPa$，$f_t=7.99MPa$，接近表 3-8 中的实测值，但表 3-8 中的参考 UHPC 所用纤维非钢板剪切型！

（3）若按 C80 混凝土的设计标准值和设计值，由规程中式 3.3.5-1～式 3.3.5-3 重新进行计算，并计算不同钢纤维掺量下的轴心抗拉强度设计标准值和设计值，结果见表 3-13。

表 3-13　按 C80 和 CECS38 计算的不同钢纤维掺量下的混凝土抗拉强度值

钢纤维体积掺量（%）	1.5	2.0	2.5	3.0	3.5	4.0	4.5	5.0	5.5	6.0
设计标准值 $f_{tu,k}$（MPa）	6.23	7.27	8.32	9.36	10.40	11.44	12.48	13.52	14.56	15.60
设计值 f_{tu}（MPa）	4.45	5.19	5.94	6.68	7.42	8.17	8.91	9.65	10.39	11.14

表 3-14　不同钢纤维掺量下的混凝土其他抗拉强度值指标估算值

钢纤维体积掺量（%）	1.5	2.0	2.5	3.0	3.5	4.0	4.5	5.0
弹性极限抗拉强度设计标准值 $f_{te,k}$（MPa）	5.2	6.1	6.9	7.8	8.7	9.5	10.4	11.3
弹性极限抗拉强度标准值 $f_{te,m}$（MPa）	6.5	7.6	8.7	9.7	10.8	11.9	13.0	14.1
抗拉强度标准值 $f_{tu,m}$（MPa）	7.8	9.1	10.4	11.7	13.0	14.3	15.6	16.9
按估算结果进行的抗拉性能分级	UT05		UT07		UT10			
按实测结果进行的抗拉性能分级	UT05			UT07				UT10

若假定 $f_{tu,k}=1.2f_{te,k}$，且 $f_{te,m}=1.25f_{te,k}$，$f_{tu,m}=1.25f_{tu,k}$，则可由表 3-13 估算出其他抗拉性能指标，见表 3-14。由弹性极限抗拉强度标准值的估算结果和实测结果按 T/CBMF 37—2018 表 2 进行抗拉性能分级，结果同时列于表 3-14 中。可以看出，CECS38 规程可能会高估纤维混凝土的抗拉强度。因此，暂不宜按 CECS38 规程中的方法直接对 UHPC 的抗拉强度进行取值，需采取其他的方法。

3.11.5　建议取值方法

3.11.5.1　抗渗性能取值

要求同 3.11.4.1 小节。

需要重申的是，抗渗性能是 UHPC 的根本，它是保证 UHPC 免于除防火、耐磨之外的其他常见劣化作用的基础。凡是达不到规定抗渗要求的，即使其满足了力学性能要求，仍然是不合格的。故随后的有关力学性能参数取值建议，都是以已满足规定抗渗性能要求为前提的。

3.11.5.2　力学性能取值

（1）弹性模量取值

抗压、抗拉弹性模量相等。由图 3-4 和 UHPC 的立方体抗压强度标准值，在粗实线上取值，或在两虚线内取值。

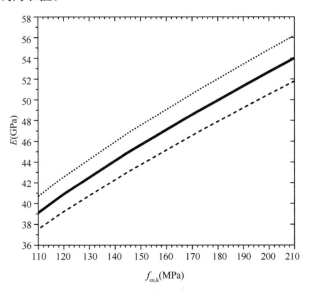

图 3-4　UHPC 抗压、抗拉弹性模量与抗压强度的关系

（2）分项系数取值

无配筋 UHPC，$\gamma_c = 1.4$；配筋 UHPC，$\gamma_c = 1.3$。

（3）抗拉强度设计取值

$$f_{te,d} = \frac{f_{te,k}}{\alpha \beta \gamma_c} \tag{3-1}$$

$$f_{tu,d} = \frac{f_{tu,k}}{\alpha \beta \gamma_c} \tag{3-2}$$

式中　$f_{te,d}$、$f_{tu,d}$——弹性极限抗拉强度、抗拉强度的设计值；

$f_{te,k}$、$f_{tu,k}$——弹性极限抗拉强度、抗拉强度的设计标准值；

α——纤维取向影响系数，见 3.10.2 中的规定；

β——厚度影响系数，见 3.10.2 中的规定；

γ_c——混凝土分项系数。

（4）抗压强度设计取值

$$f_c = \frac{0.88 f_{cu,k}}{\alpha_c \beta_c \gamma_c} \tag{3-3}$$

式中　f_c——轴心抗压强度的设计值；

$f_{cu,k}$——立方体抗压强度的标准值；

α_c——尺寸效应修正系数，无规定值时，取为 1.25；

β_c——受压程度修正系数，受压程度较轻时取为 1.0，受压程度较大时取为 1.50；

γ_c——混凝土分项系数。

（5）其他

有关徐变、收缩、疲劳及结构在不同工况下的验算可参照瑞士标准进行。

3.11.5.3 配筋 UHPC

配筋 UHPC 是实际工程应用主力，包括普通钢筋和预应力钢筋 UHPC。预应力钢筋 UHPC 的性价比通常情况下是最优的。

有关配筋 UHPC 的结构设计和验算可参考瑞士标准 SIA 2052 进行。

3.12 关于试验方法的补充说明

3.12.1 关于抗渗性能试验方法

T/CBMF 37—2018 附录 A 试验方法实质上是饱盐混凝土电阻率测试方法。通过"饱盐"工艺使试件中可能的连通孔隙路径导通，使之尽可能满足线性电阻元件特性，从而便可利用 Nernst-Einstein 方程计算出试件中的等效氯离子扩散系数。

试验时需特别注意：

（1）不得采用直接浇筑成型的、表面有浮浆的试件。

（2）干抽真空时间不得小于 6h。

（3）同一试件不能重复测量，以一次按标准要求测试结果为准。

3.12.2 关于抗拉性能试验方法

T/CBMF 37—2018 附录 B 试验方法，试件尺寸适当，满足单人操作要求。

试验难点是弹性极限抗拉强度的确定。对于由应变片得到的应力-应变曲线，若其线性段和非线性段有且只有一个明显拐点，可直接读取该拐点对应的拉应力作为弹性极限抗拉强度；或对该曲线进行微分，取拐点附近第一个突变点对应的拉应力作为弹性极限抗拉强度；对于没有明显拐点的情况，可参考 GB/T 228.1 中上屈服强度的取值方法进行取值；或按 T/CBMF 37—2018 规定，取 200 微应变对应的拉应力值。

3.13 性能检验与质量控制建议

UHPC 的性能检验分为全面性能检验和质保性能检验。

3.13.1 全面性能检验

无论是预制构件、预混料或现场浇筑构件，在设计阶段，均需进行全面性能检验，测试性能包括：

（1）工作性及初凝、终凝时间。

（2）抗渗性能。

（3）抗压强度：标准蒸汽养护后的抗压强度；常温下的抗压强度随龄期的发展，可包括 12h、1d、3d、7d、28d 及其他规定龄期。

（4）抗拉性能：标准蒸汽养护后或常温养护 28d 的弹性极限抗拉强度、抗拉强度、拉伸应力-应变曲线。

（5）抗弯性能：抗弯强度、荷载-挠度曲线。

（6）弹性模量。

（7）收缩特性：标准蒸汽养护后的收缩可忽略；常温下收缩发展规律。

（8）徐变。

（9）泊松比。

（10）热膨胀系数。

3.13.2　质保性能检验

对于 UHPC 的生产，需日常进行的质保性能检验指标包括：

（1）工作性。

（2）抗压强度。

（3）抗拉强度或抗弯强度。

3.13.3　制备质量控制

UHPC 的制备质量控制，包括基体原材料质量控制、配料精度控制、混和搅拌均匀性控制等，可参考执行 GB/T 25181 等有关预拌砂浆的相关规定。

3.13.4　性能检验频次

每种固定组成或配合比的 UHPC 产品，供应商应提供全面性能检验报告。如果原材料变更或配合比调整，应重新进行全面性能检验。

UHPC 产品生产企业，除制定和实施质量控制制度外，应制定和实施基于生产周期、生产批次和生产量的日常质保性能检验制度。

3.14　预混料及其一般规定

（1）UHPC 的预制和现浇宜首先选用预混料。所选用的预混料应是匀质且性能长期稳定的工厂化产品。

（2）预混料应按颗粒密实堆积原则进行配制。除非特别要求，其中不掺入钢纤维、玻璃纤维或玄武岩纤维。可根据要求，掺入有机纤维。

（3）预混料的产品说明书应标明产品名称、推荐用水量（及推荐外加剂产品型号和掺量），以及在该推荐用水量下该产品拌合物的工作性等级，以及给定养护条件下的硬化混凝土技术指标；并附加产品生产、出厂日期，质保期限。

（4）产品说明书应写明使用方法：如推荐用水量（及外加剂掺量）范围、建议搅拌方式、振捣和养护注意事项等。同时还需注明贮存、运输时的相关注意事项。

（5）随出厂产品，应同时提供出厂产品的性能检验报告，其中至少应列出产品名称、委托检验单位及人员、受委托检验单位及人员、主要检验性能指标、检验依据标准、测试人员及审查人员、送检日期、检验日期、审核日期等内容。

（6）对于预混料，每一生产批次的产品均需进行一次质保性能检验。只要原材料中任一原材料的来源或形态发生变化，均应进行一次全面性能指标检验；其中，徐变和热膨胀系数的检验可根据要求而定。

（7）用户宜按厂家建议的搅拌方式进行搅拌。无特别要求时，宜分次加水进行搅拌。对于成型时外掺纤维的，宜在预混料加水搅拌均匀后再加入纤维，进行搅拌，直至均匀。

3.15　引用标准规范

（1）《混凝土结构耐久性设计规范》（GB/T 50476）；

（2）《普通混凝土拌合物性能试验方法标准》（GB/T 50080）；

（3）《普通混凝土力学性能试验方法标准》（GB/T 50081）；

（4）《普通混凝土长期性能和耐久性能试验方法标准》（GB/T 50082）；

（5）《纤维混凝土试验方法标准》（CECS 13）；

（6）《水工混凝土实验规程》（DL/T 5150）；

（7）《混凝土结构设计规范》（GB 50010）；

（8）《纤维混凝土结构技术规程》（CECS 38）；

（9）《指南：超高性能纤维增强水泥基复合材料（UHPFRC）—材料、设计和应用》（SIA 2052—2016）。

第 4 章

超高性能混凝土的平行试验与结果分析

4.1 标准编制过程

中国建筑材料联合会于 2016 年下达了第一批协会标准制订计划（中建材联发〔2016〕81 号），其中的《超高性能混凝土》项目（编号为：2016-21-xbjh）由中国混凝土与水泥制品协会和清华大学负责，组织其他单位共同完成。

为此，中国混凝土与水泥制品协会（CCPA）预拌混凝土分会（以下简称"预拌分会"）牵头成立了标准编制组。编制组由表 4-1 所列的 30 家单位构成，其中包括 7 所高校、3 家科研院、17 个生产企业、2 个大型施工企业和 1 个主管协会，涵盖了国内主要的 UHPC 科研单位、生产厂家和工程应用单位，具有代表性。其中，清华大学、中国混凝土与水泥制品协会预拌混凝土分会、江西贝融循环材料股份有限公司、南京倍立达新材料系统工程股份有限公司担任主编单位，其余单位为参编单位。表 4-2 列出了标准编制过程中的一些主要事件。标准的制订历时近三年，经历了筹备、初稿意见征询与参编单位征集、平行试验、广泛征求意见等几个环节。所有参编单位都付出了巨大心血和努力。与此同时，还得到业内许多专家、领导的热心支持和无私帮助。

本章主要介绍为支持标准制订而进行的平行试验及数据分析。

表 4-1　编制组成员单位

序号	单位名称	分工
1	中国混凝土与水泥制品协会	负责组织全面工作
2	清华大学	承担平行试验
3	江西贝融循环材料股份有限公司	提供预混料、承担平行试验
4	南京倍立达新材料系统工程股份有限公司	提供预混料
5	北京市市政工程设计研究总院有限公司	承担部分平行试验
6	广东盖特奇新材料科技有限公司	
7	福州大学	
8	建华建材投资有限公司	
9	哈尔滨工业大学	
10	华南理工大学	
11	江苏苏博特新材料股份有限公司	
12	武汉大学	
13	江西省建筑材料工业科学研究设计院	承担个别平行试验
14	山东省交通科学研究院	
15	同济大学	承担部分对比试验
16	西交利物浦大学	承担部分力学平行试验
17	中交第二航务工程局有限公司	承担个别平行试验
18	哈尔滨松江混凝土构件有限公司	承担夹具加工及个别平行试验
19	埃肯国际贸易（上海）有限公司	提供相关行业数据
20	北京市高强混凝土有限责任公司	
21	北京惠诚基业工程技术有限责任公司	

续表

序号	单位名称	分工
22	北京市燕通建筑构件有限公司	
23	赣州大业金属纤维有限公司	
24	广州市玖珂瑭材料科技有限公司	
25	华新水泥股份有限公司	
26	上海真强纤维有限公司	提供相关行业参考数据
27	中建西部建设股份有限公司	
28	山东大元实业股份有限公司	
29	上海复培新材料技术有限公司	
30	北京城建集团有限责任公司	

表 4-2　标准制订大事记

日　期	地点	参与单位	事　件	结　果
2015-10—2016-05	北京 江西	预拌分会、清华、贝融	标准编制筹备	UHPC 技术标准、资料准备
2016-05-24	北京	预拌分会、清华、贝融	筹备第一次会议	申报文件、商定主要工作内容、原则、时限；先制订材料标准；结构设计、施工留待相关单位制订；暂订为：《超高性能混凝土技术标准规范：材料与检测》
2016-09-28	北京	预拌分会、清华、贝融	标准第一稿发布	征询意见
2016-12-08	南京	预拌分会、清华、贝融	征询意见反馈	征询意见反馈、征参编单位（协会年会）
2017-04-26	北京	24 家单位代表	编制组成立	第一次会议：标准更名为：《超高性能混凝土技术标准：基本性能与试验方法》
2017-06-15	北京	编制组成员	标准第二稿发布	在编制组内发布标准第二稿
2017-06-21	江西	编制组成员	标准第二稿讨论	第二次会议：讨论关键指标、分级、测试方法等（井冈山论坛）
2017-06-27	北京	编制组成员	标准第三稿发布	标准第三稿发布、启动平行试验（计划 0815-0915）
2017-08-22	南京	编制组成员	调研、平行试验讨论	第三次会议：苏博特、倍立达参观学习，平行试验工作及细节讨论
2017-11-10—12	天津	编制组成员	平行试验数据讨论	与哈工大、山东交科院、盖特奇、苏博特等讨论了平行试验数据

续表

日　期	地点	参与单位	事　件	结　果
2017-11-28	北京	主编	征求意见稿草稿	征求意见稿、编制说明草稿
2017-12-15	北京	主编	征求意见稿文件	征求意见稿、编制说明
2018-03-20	北京	主编	送审稿文件	送审稿、编制说明
2018-07-20	北京	主编	送审稿文件	送审稿、编制说明修改稿；标准更名为：《超高性能混凝土：基本性能与试验方法》
2018-08-08	北京	主编及部分成员	标准评审	通过专家评审。专家们提出了许多重要修改意见，根据修改意见形成报批稿
2018-09-07	北京	CCPA 协会	报批稿草稿复审	协会将报批稿草稿发送会议评审专家再次复审
2018-10-09	北京	主编	报批稿修改稿	根据评审专家复审意见，形成报批稿修改稿
2018-10-23	北京	主编及 CCPA	报批稿终稿	根据周丽玮部长意见再次进行修改，形成报批稿终稿

4.2　平行试验情况

2017 年 8—11 月，标准编制组对平行试验工作进行了安排，提供平行试验手册，就平行试验方案、试验材料、直接夹具、试验方法、报告要求等进行了详细规定和要求。

共有 15 家承担了平行试验工作，具体单位名称及承担任务见表 4-1。平行试验主要包括四种预混料的主要力学指标检测、抗渗性检测、耐磨性检测与收缩性能检测，在修订标准部分指标和试验方法的同时，检验各单位对 UHPC 的使用与检测水平（试验方法见第 1 章、第 3 章表 3-6、现行国家标准及本书附录），也让更多的参与者更深入地了解 UH-PC，为科学使用、推广 UHPC 打基础。

4.2.1　平行试验用四种预混料及配套纤维

平行试验所用的四种预混料由编制组内两家企业提供，其中一家提供 A/B（母料相同，纤维用量不同）、D 三种料；另一家提供 C 料。其基本信息见表 4-3。

表 4-3　预混料及配套纤维

预混料	抗压强度等级*	标准蒸养抗压强度（MPa）	纤维种类及推荐体积掺量	参考值（MPa）
A	UC190	180～210	钢纤维/5.0%vol	>180
B	UC170	160～180	钢纤维/2.5%vol	>160
C	UC150	140～160	不锈钢纤维/2.5%vol	>150
D	UC130	120～140	玻璃纤维/3.0%vol	—

　　* 2017 年暂按 20MPa 一级设定，强度变化范围见右栏；与最终颁布标准不同。

4.2.2　四种预混料母料的抗压强度检测

有两家单位对四种预混料母料的标准蒸养抗压强度进行了检测，结果见表 4-4。可见，A/B 母料的抗压强度为（146.3±6.0）MPa，C 料为（153.9±7.6）MPa，D 料为（138.7±8.8）MPa。即 A/B、C 母料均按 150MPa 进行设计，D 料按 140MPa 进行设计。

表 4-4　四种预混料母料的抗压强度（MPa）

试验单位	材料		
	A/B	C	D
1	145.1	161.6	150.0
	144.8	165.2	149.5
	157.5	146.9	130.5
2	141.5	150.9	132.5
	147.4	147.6	133.1
	141.3	151.3	136.3
均值	146.3	153.9	138.7
标准差	6.0	7.6	8.8

4.2.3　立方体抗压强度试验结果

混凝土立方体抗压强度是常规检测项目，对其进行统计分析，可了解该指标的分布规律及各测试单位试验结果在群体单位中所处的大体位置。此次平行试验共有 10 家单位对上述四种材料的立方体抗压强度进行了检测，对所有提交数据的统计分析结果见图 4-1 和表 4-5 中的统计结果 1。可以看出，同一材料的立方体抗压强度基本符合正态分布。

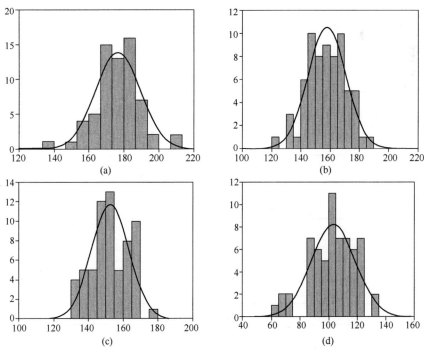

图 4-1　10 家单位立方体抗压强度统计分布（横坐标单位：MPa，纵坐标为频次）

（a）A 料；（b）B 料；（c）C 料；（d）D 料

统计时发现有 3 家单位的其他试验项目数据不全或部分有误，故又对其余 7 家单位数据进行了重新分析，结果见图 4-2 和表 4-5 中的统计结果 2。这 7 家单位的数据仍基本符合正态分布，且数据标准差基本近似，故随后的立方体抗压强度分析均采用这 7 家的数据进行。表 4-5 同时列出了相应的 95％置信区间的对应数据。

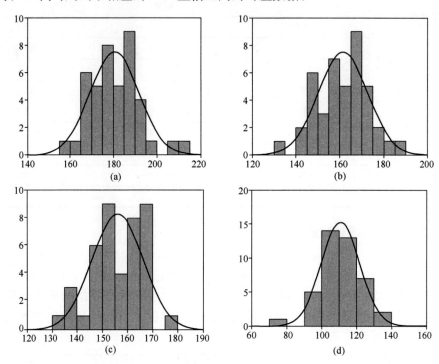

图 4-2　7 家单位立方体抗压强度统计分布（横坐标单位：MPa，纵坐标为频次）

(a) A 料；(b) B 料；(c) C 料；(d) D 料

表 4-5　立方体抗压强度统计分析（MPa）

统计指标	材料	统计结果 1	95％置信区间		统计结果 2	95％置信区间	
			下限	上限		下限	上限
均值	A	176.5	173.3	179.5	180.5	177.1	183.9
	B	157.7	154.4	160.8	161.3	158.0	164.4
	C	152.7	150.1	155.2	156.1	153.1	159.2
	D	103.3	99.6	107.0	110.7	107.3	113.8
标准差	A	12.9	10.0	15.8	11.2	8.2	13.7
	B	13.3	11.1	15.4	11.2	8.7	13.2
	C	10.8	9.1	12.3	10.1	7.8	11.7
	D	15.3	12.4	17.8	11.0	7.9	13.9
方差	A	167.6	99.4	248.5	124.4	66.8	188.5
	B	177.0	123.3	237.1	124.5	75.9	173.9
	C	115.9	83.6	150.4	101.7	61.5	137.0
	D	233.3	154.5	316.4	120.1	62.9	193.1

统计指标	材料	统计结果 1	95%置信区间		统计结果 2	95%置信区间	
			下限	上限		下限	上限
极小值	A	134.0	—	—	158.5	—	—
	B	121.3	—	—	133.5	—	—
	C	130.7	—	—	133.6	—	—
	D	64.1	—	—	74.5	—	—
极大值	A	212.1	—	—	212.1	—	—
	B	185.1	—	—	185.1	—	—
	C	177.2	—	—	177.2	—	—
	D	131.3	—	—	131.3	—	—

为比较不同试验室间的数据一致性,参照 ASTM E691—2015,对上述 7 家的数据进行了分析。分析结果见表 4-6~表 4-10。

表 4-6 为 7 家试验室的最终统计结果。其中,$\bar{x}$ 为 7 家测试平均值的平均值,$S_{\bar{x}}$ 为 7 家测试标准偏差的标准偏差,S_r 反映的是同一试验室内数据可重复性,S_L 反映的是不同试验室标准偏差的平均水平,S_R 反映的是不同试验室间的数据可重现性(又叫可重演性)。

从表 4-6 可以看出,A、B、C 料的平均立方体抗压强度分别为:180.5MPa、161.3MPa、156.1MPa。尽管所有 UHPC 均满足平行试验设计要求,但 A、B 型 UHPC 的抗压强度接近设计平行试验 UC190、UC170 等级下限,C 型 UHPC 则达 UC150 的中上水平。D 料的平均立方体抗压强度为 110.7MPa,未能满足标准规定的 UHPC 最低抗压强度要求。结合表 4-4 结果可以推知,造成这一结果的主要原因在于所掺玻璃纤维与基体不匹配引起。尽管 D 料未能达到平行试验设计要求,作为对比,随后的平行试验数据仍对其进行了统计分析,并将其记为 D-UHPC。

表 4-6　立方体抗压强度统计分析结果汇总(MPa)

材料	$\bar{x}$	$S_{\bar{x}}$	S_r	S_L	S_R
A	180.5	9.0	3.0	8.9	9.4
B	161.3	11.0	1.7	11.0	11.1
C	156.1	8.0	2.8	7.9	8.4
D	110.7	9.1	2.8	9.0	9.5

表 4-7~表 4-10 为各材料的 7 家单位测试结果统计值。其中,$\bar{x}$ 为同一试验室的平均试验结果,s 为同一试验室的标准偏差,d 为某试验室测试平均值与 7 家单位试验室平均值(表 4-6)的偏差,h 为某试验室偏差与 7 家单位试验室平均值标准偏差(表 4-6)的比值,ASTM E691—2015 给出的此对比条件下的极限值为 2.05;k 为某试验室标准偏差与 7 家单位试验室标准偏差平均值之平方根(即可重复性,见表 4-6)的比值,ASTM E691—2015 给出的此对比条件下的极限值为 1.70。

h,k 两参数反映的是不同试验室间数据一致性的高低,值越大说明该试验室偏离所有试验平均值越远;超出规定限值的单位需要加以特别关注。不过,本平行试验与

ASTM E691—2015 情况规定不同的是：本平行试验提供的是制备测试试件所用的母料，尽管测量要求相同，但各家所用成型和测试的设备不同，造成了数据的较大波动。尽管如此，仍可相对比较同一试验室、不同试验室间对相同测试对象的检测水平。

对比规定限值，从表 4-7～表 4-10 可以看出，每个试验室内的数据一致性相对较高；不同试验室间偏离较大，这与不同试验室的装备水平，及对 UHPC 测试经验的多少有关。

表 4-7　A-UHPC 立方体抗压强度平行对比结果（MPa）

试验单位	$\bar{x}$	s	d	h	k
1	196.4	11.65	15.87	1.76	3.88
2	183.3	4.94	2.84	0.32	1.65
3	169.8	12.03	−10.72	−1.19	4.01
4	174.6	3.17	−5.93	−0.66	1.06
5	174.2	7.24	−6.32	−0.70	2.41
6	179.1	7.80	−1.40	−0.16	2.60
7	186.1	3.47	5.57	0.62	1.16

表 4-8　B-UHPC 立方体抗压强度平行对比结果（MPa）

试验单位	$\bar{x}$	s	d	h	k
1	177.0	5.98	15.73	1.43	3.52
2	165.0	4.20	3.70	0.34	2.47
3	150.9	5.22	−10.37	−0.94	3.07
4	157.4	2.30	−3.92	−0.36	1.35
5	145.2	6.90	−16.14	−1.47	4.06
6	163.7	2.73	2.42	0.22	1.61
7	170.1	2.73	8.77	0.80	1.61

表 4-9　C-UHPC 立方体抗压强度平行对比结果（MPa）

试验单位	$\bar{x}$	s	d	h	k
1	154.5	6.31	−1.57	−0.20	2.25
2	155.2	4.37	−0.91	−0.11	1.56
3	160.9	14.08	4.78	0.60	5.03
4	163.1	3.76	7.00	0.88	1.34
5	147.3	5.28	−8.82	−1.10	1.89
6	166.6	2.42	10.48	1.31	0.86
7	145.2	8.38	−10.93	−1.37	2.99

表 4-10　D-HPC 立方体抗压强度平行对比结果（MPa）

试验单位	$\bar{x}$	s	d	h	k
1	100.2	14.38	−9.76	−1.07	5.13
2	125.3	4.99	15.33	1.68	1.78
3	109.9	6.69	−0.10	−0.01	2.39
4	117.8	4.11	7.82	0.86	1.47
5	103.7	6.56	−6.32	−0.69	2.34
6	103.1	5.34	−6.87	−0.75	1.91
7	114.7	4.86	4.71	0.52	1.74

4.2.4　轴心抗压强度及轴心抗压弹性模量试验结果

上述 10 家单位中有一家提供的轴心抗压强度数据不全。故对其余 9 家所提供的数据进行了统计分析，结果见图4-3和表4-11（统计结果 1）。可以看出，轴心抗压强度也大体符合正态分布。

剔除提交不全和有误的检测数据，对其中 7 家单位的数据再次进行统计，结果见图 4-4 和表 4-11（统计结果 2）。

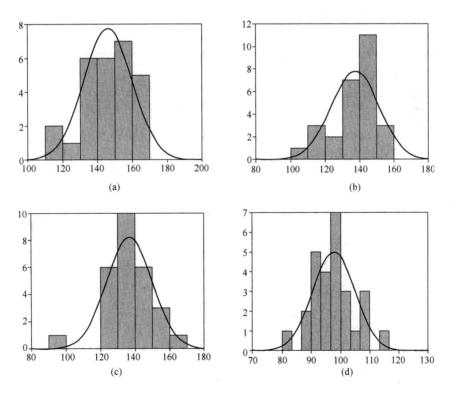

图 4-3　9 家单位轴心抗压强度统计分布（横坐标单位：MPa，纵坐标为频次）

(a) A-UHPC；(b) B-UHPC；(c) C-UHPC；(d) D-HPC

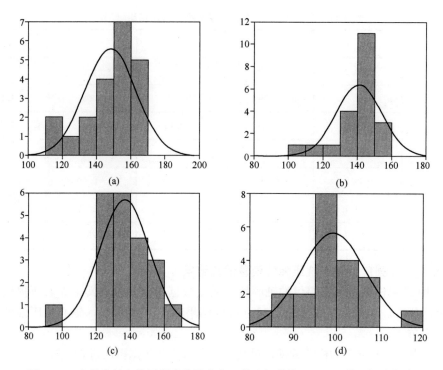

图 4-4　7 家单位轴心抗压强度统计分布（横坐标单位：MPa，纵坐标为频次）

（a）A-UHPC；（b）B-UHPC；（c）C-UHPC；（d）D-HPC

表 4-11　轴心抗压强度统计分析（MPa）

统计指标	材料	统计结果 1	95％置信区间		统计结果 2	95％置信区间	
			下限	上限		下限	上限
均值	A	146.1	141.0	151.3	148.0	141.5	154.7
	B	137.4	132.1	142.4	140.9	134.6	145.9
	C	136.7	131.2	141.1	136.6	130.3	142.1
	D	97.7	94.9	100.2	99.1	96.4	102.5
标准差	A	13.9	10.5	16.4	15.0	10.6	18.0
	B	13.9	9.6	17.1	13.1	7.1	17.4
	C	13.1	7.3	18.7	14.7	8.0	20.8
	D	7.2	5.1	8.9	7.4	4.8	9.5
方差	A	193.4	109.7	269.3	226.2	111.6	322.9
	B	192.3	92.7	292.9	172.7	50.1	301.2
	C	172.4	52.6	350.5	215.5	63.4	434.3
	D	51.9	25.9	79.2	55.0	22.6	89.7
极小值	A	117.9	—	—	117.9	—	—
	B	104.5	—	—	104.5	—	—
	C	90.4	—	—	90.4	—	—
	D	82.9	—	—	82.9	—	—

统计指标	材料	统计结果 1	95％置信区间		统计结果 2	95％置信区间	
			下限	上限		下限	上限
极大值	A	169.5	—	—	169.5	—	—
	B	159.4	—	—	159.4	—	—
	C	163.2	—	—	163.2	—	—
	D	115.4	—	—	115.4	—	—

同样，参照 ASTM E691—2015，对上述 7 家的数据进行了分析，结果见表 4-12～表 4-16。

表 4-12 为四种材料的 7 家单位提交的轴心抗压强度统计分析结果。可以看出，A-UHPC、B-UHPC、C-UHPC 的平均轴心抗压强度约是其平均立方体抗压强度的 82％～88％，平均约为 86％。D-HPC 的轴心抗压强度则是其立方体抗压强度的 90％。

表 4-13～表 4-16 分别是四种材料、三块平行试样的 7 家单位数据的统计结果。此时，h 的极限值仍为 2.05，k 极限值则变为 2.03。由表中 h，k 的大小可以看出，不同试验室间的检验水平与立方体抗压测试水平相似，但不同材料间略有差异。C-UHPC 相对偏差较小，说明不同厂家的材料波动也有差异。

表 4-17 为不同材料的轴心抗压平均弹性模量，因只有少数单位提供，故只进行了数学平均。结果显示：A-UHPC、B-UHPC、C-UHPC 的抗压弹性模量为（48.0±1.0）GPa，高出 D-HPC 约 3GPa（注：D 不含粗骨料，与含粗骨料的 OPC 和常规 HPC 是有差别的）。

表 4-12　轴心抗压强度统计分析结果汇总（MPa）

材料	$\bar{\bar{x}}$	$S_{\bar{x}}$	S_{r}	S_{L}	S_{R}	$f_{\mathrm{cp}}/f_{\mathrm{cu}}$
A	148.0	14.2	3.0	14.1	14.4	0.82
B	140.9	12.0	3.0	11.9	12.3	0.87
C	136.6	8.3	5.6	7.6	9.5	0.88
D	99.1	6.3	2.0	6.2	6.5	0.90

表 4-13　A-UHPC 轴心抗压强度平行对比结果（MPa）

试验单位	$\bar{x}$	s	d	h	k
1	162.5	8.45	14.49	1.02	2.82
2	122.0	5.67	−25.95	−1.83	1.89
3	158.9	1.88	10.92	0.77	0.63
4	143.7	10.81	−4.28	−0.30	3.60
5	153.3	3.36	5.30	0.37	1.12
6	156.7	12.60	8.73	0.62	4.20
7	138.9	7.43	−9.13	−0.64	2.48

表 4-14　B-UHPC 轴心抗压强度平行对比结果（MPa）

试验单位	$\bar{x}$	s	d	h	k
1	143.8	4.78	2.89	0.24	1.59
2	120.8	14.86	—20.08	—1.67	4.95
3	148.0	3.78	7.06	0.59	1.26
4	128.4	11.56	—12.47	—1.04	3.85
5	147.0	2.64	6.13	0.51	0.88
6	155.4	5.20	14.47	1.21	1.73
7	142.6	1.15	1.70	0.14	0.38

表 4-15　C-UHPC 轴心抗压强度平行对比结果（MPa）

试验单位	$\bar{x}$	s	d	h	k
1	133.4	5.56	—3.25	—0.39	0.99
2	126.9	2.52	—9.68	—1.17	0.45
3	137.5	4.84	0.93	0.11	0.86
4	127.8	32.47	—8.85	—1.07	5.80
5	147.6	6.81	10.97	1.32	1.22
6	136.1	7.41	—0.53	—0.06	1.32
7	147.0	17.94	10.37	1.25	3.20

表 4-16　D-HPC 轴心抗压强度平行对比结果（MPa）

试验单位	$\bar{x}$	s	d	h	k
1	100.0	2.11	0.85	0.13	1.06
2	96.3	2.91	—2.76	—0.44	1.45
3	102.2	1.44	3.12	0.50	0.72
4	100.6	7.76	1.47	0.23	3.88
5	91.6	4.11	—7.53	—1.20	2.06
6	110.4	4.37	11.27	1.79	2.18
7	93.0	8.82	—6.07	—0.96	4.41

表 4-17　不同材料的轴心平均抗压弹性模量（GPa）

材料	试验单位	$\bar{x}$	Ec 平均值
A	1	51.59	49.74
	2	52.50	
	3	48.23	
	4	46.67	
B	1	48.44	48.27
	2	51.23	
	3	46.73	
	4	46.67	

续表

材料	试验单位	$\bar{x}$	Ec 平均值
C	1	48.66	47.8
	2	52.83	
	3	46.57	
	4	43.33	
D	1	42.88	44.4
	2	42.63	
	3	42.10	
	4	50.00	

4.2.5　轴心抗拉强度及轴心抗拉弹性模量试验结果

与抗压测试不同，轴心抗拉试验不是常规测试项目，它是一项较为严苛的试验项目，不仅要求测试单位的设备要足够精良，也要求相关的测试人员有较高的测试经验。

不是所有承担力学试验的单位都提供了轴心抗拉试验结果，即使承担了轴心抗拉试验的单位也不是全部按要求指标进行了提交，一是由于设备条件所限，未能记录下下弹性极限强度；二是因为夹具等原因，未能获可靠数据。诸如此类，从而造成了本试验项目结果未如期望的理想。

4.2.5.1　不限模具

除小 8 字模试验外，不管试件尺寸（截面尺寸均＞50mm×50mm）和试件模具的差别，对 10 家提供了轴心抗拉数据的抗拉强度、弹性极限抗拉强度（只有 7 家提供，且有 2 家数据有残缺）首先进行了统计。统计结果见图 4-5、图 4-6 和表 4-18。可以看出，A-

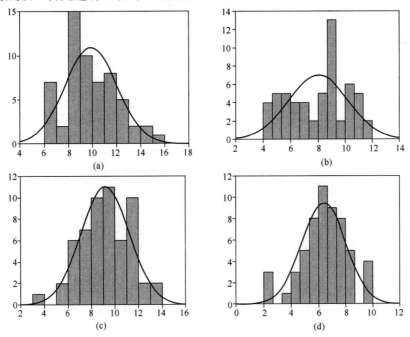

图 4-5　10 家单位抗拉强度统计分布（横坐标单位：MPa，纵坐标为频次）
(a) A-UHPC；(b) B-UHPC；(c) C-UHPC；(d) D-HPC

UHPC 和 B-UHPC 的抗拉强度并不服从正态分布；其他两种材料的，可近似看成是正态分布。对于弹性极限抗拉强度，除 C-UHPC 外，其余各材料的数据均可近似看成是服从正态分布。

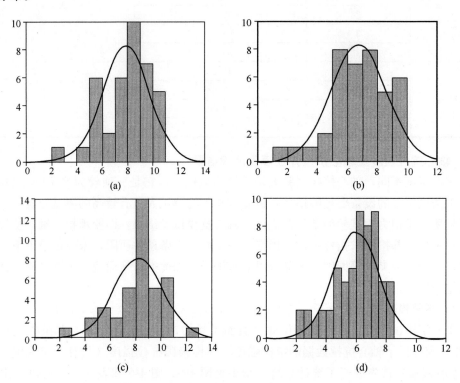

图 4-6　7 家单位弹性极限抗拉强度统计分布（横坐标单位：MPa，纵坐标为频次）
（a）A-UHPC；（b）B-UHPC；（c）C-UHPC；（d）D-HPC

表 4-18　轴心抗拉强度和弹性极限抗拉强度统计分析（MPa）

统计指标	材料	f_{tu}	95％置信区间		f_{te}	95％置信区间		f_{tu}/f_{te}
			下限	上限		下限	上限	
均值	A	9.9	9.3	10.4	7.9	7.3	8.5	1.3
	B	8.0	7.4	8.6	6.7	6.1	7.3	1.2
	C	9.2	8.7	9.7	8.2	7.6	8.8	1.1
	D	6.4	6.0	6.8	5.7	5.2	6.2	1.1
标准差	A	2.1	1.6	2.5	1.8	1.4	2.2	—
	B	2.2	1.9	2.4	1.9	1.4	2.3	—
	C	2.1	1.7	2.4	2.0	1.4	2.4	—
	D	1.6	1.3	1.9	1.5	1.2	1.8	—
方差	A	4.4	2.7	6.0	3.4	1.9	5.0	—
	B	4.7	3.5	5.7	3.6	2.1	5.3	—
	C	4.4	2.9	5.6	3.9	2.0	5.9	—
	D	2.6	1.6	3.5	2.3	1.4	3.2	—

续表

统计指标	材料	f_{tu}	95%置信区间		f_{te}	95%置信区间		f_{tu}/f_{te}
			下限	上限		下限	上限	
极小值	A	6.3	—	—	2.9	—	—	
	B	4.2	—	—	1.6	—	—	
	C	3.8	—	—	2.6	—	—	
	D	2.3	—	—	2.5	—	—	
极大值	A	15.4	—	—	10.8	—	—	
	B	11.9	—	—	9.8	—	—	
	C	13.1	—	—	12.1	—	—	
	D	9.5	—	—	8.1	—	—	

注：D 料多为脆断，表中数据以 f_{te} 为准，$f_{tu}/f_{te} \approx 1.0$，表中统计数据仅供参考。

剔除明显有误的系列数据，不管其抗拉强度是否够 6 个平行试样测试结果，仍选择 7 家数据，参照 ASTM E691—2015 进行了数据分析，结果见表 4-19～表 4-26。需要说明的是，因 D-HPC 为脆性材料，故统计出的抗拉强度及其与弹性抗拉强度之比将不再列出。

表 4-19 给出了各材料的轴心抗拉强度和弹性极限抗拉强度统计结果，以及两者的比值。表 4-20～表 4-26 为各材料的轴心抗拉强度对比统计结果。可以看出，尽管 A-UHPC、B-UHPC、C-UHPC 材料的平均弹性极限抗拉强度均大于 6MPa，且其抗拉强度与弹性极限抗拉强度之比均大于 1.2，但严格满足 UT10 分级的，只有个别单位制备的个别 A-UHPC、C-UHPC 试件；其余 A-UHPC、C-UHPC 试件及个别 B-UHPC 试件多满足 UT07 的分级要求，另外的 B-UHPC 试件则满足 UT05 分级要求，同时呈现出弱应变硬化行为。

D-HPC 为脆性材料，尽管部分单位试件的弹性极限强度超过了 5MPa，也有单位提供了其抗拉强度值，鉴于其明显的脆性断裂行为，不能将其归入 UHPC 之中。

从表 4-20～表 4-26 中的 h，k（极限值分别为 2.05 和 1.70）大小可以看出，不同试验室间的数据差别较大，一致性不强。除了轴心抗拉设备引起的差别外，也与测试人员经验多少密切相关。

表 4-27 给出了部分单位提供的四种材料的轴心抗拉弹性模量及其平均值。对比表 4-17，可以看出，A-UHPC、C-UHPC 的值与其轴心抗压弹性模量基本相同，B-UHPC、D-HPC 料的轴心抗拉弹性模量明显低于其轴心抗压弹性模量，除轴心抗拉试验误差较大外，也与材料的各向异性有一定关系。

表 4-19　不同材料轴心抗拉强度和弹性极限抗拉强度统计结果（MPa）

材料	f_{te}					f_{tu}					f_{tu}/f_{te}
	$\bar{\bar{x}}$	$S_{\bar{x}}$	S_r	S_L	S_R	$\bar{\bar{x}}$	$S_{\bar{x}}$	S_r	S_L	S_R	
A	7.9	1.4	0.5	1.4	1.5	10.3	1.4	0.6	1.4	1.5	1.3
B	6.7	1.5	0.5	1.5	1.6	8.7	1.8	0.4	1.8	1.8	1.3
C	8.0	1.2	0.7	1.1	1.3	9.6	1.7	0.4	1.7	1.7	1.2
D	6.0	1.1	0.4	1.1	1.2	—	—	—	—	—	—

表 4-20　A-UHPC 弹性极限抗拉强度平行对比结果（MPa）

试验单位	$\bar{x}$	s	d	h	k
1	8.1	1.62	0.18	0.13	3.23
2	8.1	1.16	0.16	0.11	2.32
3	6.5	2.10	−1.39	−0.99	4.21
4	5.6	0.97	−2.31	−1.65	1.94
5	8.3	0.96	0.37	0.26	1.92
6	9.1	0.20	1.15	0.82	0.39
7	9.8	1.08	1.87	1.33	2.17

表 4-21　A-UHPC 抗拉强度平行对比结果（MPa）

试验单位	$\bar{x}$	s	d	h	k
1	9.2	0.79	−1.12	−0.80	1.32
2	10.6	1.28	0.28	0.20	2.13
3	10.2	2.43	−0.10	−0.07	4.06
4	8.7	1.36	−1.63	−1.16	2.27
5	9.0	1.31	−1.27	−0.90	2.19
6	11.9	1.68	1.58	1.13	2.81
7	12.3	2.09	1.95	1.39	3.48

表 4-22　B-UHPC 弹性极限抗拉强度平行对比结果（MPa）

试验单位	$\bar{x}$	s	d	h	k
1	4.0	2.17	−2.68	−1.78	4.34
2	8.2	1.68	1.48	0.99	3.35
3	6.1	1.18	−0.60	−0.40	2.35
4	6.2	1.64	−0.55	−0.37	3.29
5	6.3	0.59	−0.43	−0.29	1.18
6	8.5	0.51	1.81	1.21	1.02
7	7.5	0.93	0.76	0.51	1.85

表 4-23　B-UHPC 抗拉强度平行对比结果（MPa）

试验单位	$\bar{x}$	s	d	h	k
1	5.8	1.08	−2.87	−1.59	2.70
2	8.9	1.00	0.22	0.12	2.51
3	9.7	1.07	1.00	0.56	2.67
4	8.8	1.58	0.13	0.07	3.95
5	7.0	0.85	−1.72	−0.95	2.14
6	11.1	0.58	2.35	1.31	1.46
7	9.6	0.94	0.94	0.52	2.36

表 4-24 C-UHPC 弹性极限抗拉强度平行对比结果（MPa）

试验单位	$\bar{x}$	s	d	h	k
1	5.7	0.92	-2.31	-1.93	1.31
2	8.6	2.43	0.60	0.50	3.47
3	8.0	2.89	0.04	0.03	4.14
4	7.9	2.08	-0.11	-0.09	2.97
5	7.9	0.69	-0.15	-0.13	0.98
6	8.9	0.50	0.90	0.75	0.71
7	9.3	1.74	1.28	1.07	2.48

表 4-25 C-UHPC 抗拉强度平行对比结果（MPa）

试验单位	$\bar{x}$	s	d	h	k
1	7.0	0.86	-2.61	-1.54	2.15
2	10.7	0.73	1.10	0.65	1.82
3	10.2	1.05	0.65	0.38	2.63
4	8.6	1.74	-0.98	-0.58	4.36
5	8.2	0.63	-1.37	-0.80	1.57
6	11.7	0.71	2.13	1.25	1.77
7	10.7	1.79	1.12	0.66	4.47

表 4-26 D-HPC 弹性极限抗拉强度平行对比结果（MPa）

试验单位	$\bar{x}$	s	d	h	k
1	3.9	0.41	-2.08	-1.89	1.03
2	6.7	1.39	0.68	0.61	3.48
3	5.6	1.57	-0.41	-0.37	3.91
4	5.7	1.69	-0.26	-0.23	4.23
5	7.0	0.43	0.95	0.86	1.08
6	7.3	0.50	1.32	1.20	1.24
7	6.1	1.29	0.12	0.11	3.23

表 4-27 不同材料的轴心抗拉弹性模量（GPa）

材料	试验单位	$\bar{x}$	Et 平均值
A	1	47.60	49.6
	2	40.87	
	3	61.15	
	4	48.93	
	5	49.62	
B	1	42.49	42.6
	2	37.93	
	3	39.17	
	4	45.90	
	5	47.53	

材料	试验单位	$\bar{x}$	Et 平均值
C	1	47.42	47.8
	2	40.11	
	3	55.52	
	4	46.87	
	5	49.00	
D	1	39.18	37.9
	2	33.11	
	3	34.70	
	4	40.43	
	5	41.97	

4.2.5.2 统一模具

有 6 家单位采用了哈尔滨工业大学设计、哈尔滨松江混凝土构件有限公司统一加工的哑铃试样模具（试样截面尺寸为 50mm×50mm，直拉区长度设计为 180mm）。试样夹头为试样模具的两端头部分，可与拉力机铰接相连，模具构思巧妙。但试样在拉伸开裂后，存在累积偏心问题。6 家单位都提供了各材料的抗拉强度，但只有 4 家提供了弹性极限抗拉强度（没有单位提供极限应变）。它们的统计结果分别见图 4-7～图 4-8 和表 4-28。由图 4-7、图 4-8 可以看出，测量值不服从正态分布，离散性较大。由表 4-28 可知，只有 A-

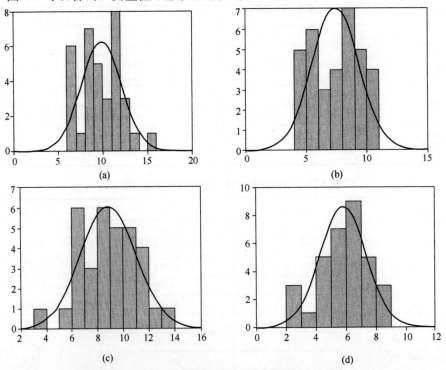

图 4-7 抗拉强度统计分布（HRB 模具）（横坐标单位：MPa，纵坐标为频次）
(a) A-UHPC；(b) B-UHPC；(c) C-UHPC；(d) D-HPC

UHPC、C-UHPC 的弹性极限抗拉强度大于 7.0MPa，B-UHPC 和 D-HPC 料的则大于 5.0MPa，小于 7.0MPa。除 D-HPC 外，其余材料的 f_{tu}/f_{te} 之比均大于 1.1。

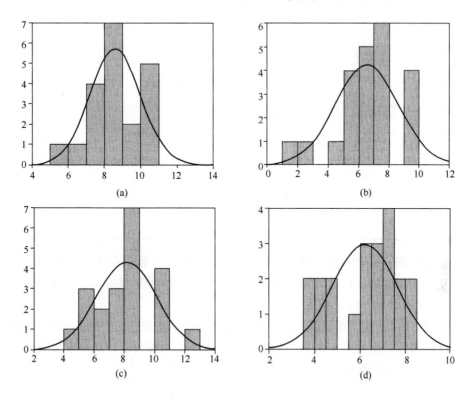

图 4-8　弹性极限抗拉强度统计分布（HRB 模具）（横坐标单位：MPa，纵坐标为频次）

(a) A-UHPC；(b) B-UHPC；(c) C-UHPC；(d) D-HPC

表 4-28　轴心抗拉强度统计分析（HRB 模具）

统计指标	材料	f_{tu} (MPa)	95% 置信区间 (MPa)		f_{te} (MPa)	95% 置信区间 (MPa)		f_{tu}/f_{te}
			下限	上限		下限	上限	
均值	A	9.9	9.2	10.6	8.6	8.1	9.2	1.1
	B	7.5	6.9	8.2	6.4	5.4	7.2	1.2
	C	8.7	8.0	9.5	8.2	7.3	9.0	1.1
	D	5.8	5.2	6.3	6.2	5.5	6.7	0.9
标准差	A	2.0	1.5	2.3	1.4	1.0	1.7	—
	B	1.9	1.5	2.2	2.1	1.3	2.7	—
	C	2.1	1.6	2.6	2.0	1.4	2.4	—
	D	1.6	1.1	1.9	1.4	1.1	1.7	—
方差	A	3.8	2.4	5.1	1.9	0.9	3.0	—
	B	3.7	2.4	4.8	4.4	1.6	7.4	—
	C	4.6	2.7	6.6	4.0	2.1	5.9	—
	D	2.4	1.3	3.5	2.1	1.2	2.8	—

续表

统计指标	材料	f_{tu} (MPa)	95％置信区间（MPa）		f_{te} (MPa)	95％置信区间（MPa）		f_{tu}/f_{te}
			下限	上限		下限	上限	
极小值	A	6.3	—	—	5.7	—	—	—
	B	4.2	—	—	1.6	—	—	—
	C	3.8	—	—	4.8	—	—	—
	D	2.3	—	—	3.7	—	—	—
极大值	A	13.4	—	—	10.8	—	—	—
	B	10.7	—	—	9.8	—	—	—
	C	13.1	—	—	12.1	—	—	—
	D	8.1	—	—	8.1	—	—	—

对于上述数据，同样参照 ASTM E691—2015 进行了数据分析，结果见表 4-29～表 4-36。需要注意的是，此时，弹性极限抗拉强度与抗拉强度对应 h，k 极限值此时分别为 1.49 和 1.60；1.92 和 1.68。

表 4-29 中的抗拉强度值与表 4-19 的相比略有降低，造成它与弹性抗拉强度的比值变小。这与试样裂后的扭转不无关系。从表 4-30～表 4-36 中的 h，k 值大小与限值比较看，各试验室间的数据离散性较大。

表 4-29 不同材料轴心抗拉强度统计结果（HRB 模具，强度单位：MPa）

材料	f_{te}				f_{tu}					f_{tu}/f_{te}
	$\bar{\bar{x}}$	$S_{\bar{x}}$	S_r	S_L	S_R	$\bar{\bar{x}}$	$S_{\bar{x}}$	S_r	S_L	S_R	

材料	$\bar{\bar{x}}$	$S_{\bar{x}}$	S_r	S_L	S_R	$\bar{\bar{x}}$	$S_{\bar{x}}$	S_r	S_L	S_R	f_{tu}/f_{te}
A	8.5	0.8	0.6	0.8	1.0	9.8	2.1	0.5	2.1	2.1	1.2
B	6.5	1.8	0.7	1.8	1.9	7.4	1.9	0.4	1.9	1.9	1.1
C	7.9	1.6	0.8	1.5	1.7	8.7	2.0	0.5	2.0	2.0	1.1
D	5.9	1.4	0.5	1.4	1.4	—	—	—	—	—	—

表 4-30 A-UHPC 弹性极限抗拉强度平行对比结果（HRB 模具，强度单位：MPa）

试验单位	$\bar{x}$	s	d	h	k
1	8.1	1.62	−0.42	−0.53	2.69
2	8.1	1.16	−0.44	−0.55	1.94
3	8.3	0.96	−0.23	−0.29	1.60
4	9.8	1.08	1.27	1.58	1.81

表 4-31　A-UHPC 抗拉强度平行对比结果（HRB 模具，强度单位：MPa）

试验单位	$\bar{x}$	s	d	h	k
1	9.2	0.79	−0.62	−0.29	1.58
2	10.6	1.28	0.78	0.37	2.56
3	9.0	1.31	−0.77	−0.37	2.63
4	11.5	0.59	1.70	0.81	1.18
5	12.3	2.09	2.45	1.17	4.18
6	6.5	0.14	−3.33	−1.58	0.29

表 4-32　B-UHPC 弹性极限抗拉强度平行对比结果（HRB 模具，强度单位：MPa）

试验单位	$\bar{x}$	s	d	h	k
1	4.0	2.17	−2.48	−1.38	3.10
2	8.2	1.68	1.68	0.94	2.40
3	6.3	0.59	−0.23	−0.13	0.84
4	7.5	0.93	0.96	0.53	1.32

表 4-33　B-UHPC 抗拉强度平行对比结果（HRB 模具，强度单位：MPa）

试验单位	$\bar{x}$	s	d	h	k
1	5.8	1.08	−1.57	−0.83	2.70
2	8.9	1.00	1.52	0.80	2.51
3	7.0	0.85	−0.42	−0.22	2.14
4	8.3	1.40	0.90	0.47	3.50
5	9.6	0.94	2.24	1.18	2.36
6	4.8	0.39	−2.61	−1.37	0.97

表 4-34　C-UHPC 弹性极限抗拉强度平行对比结果（HRB 模具，强度单位：MPa）

试验单位	$\bar{x}$	s	d	h	k
1	5.7	0.92	−2.21	−1.38	1.14
2	8.6	2.43	0.70	0.44	3.03
3	7.9	0.69	−0.05	−0.03	0.86
4	9.3	1.74	1.38	0.86	2.17

表 4-35　C-UHPC 抗拉强度平行对比结果（HRB 模具，强度单位：MPa）

试验单位	$\bar{x}$	s	d	h	k
1	7.0	0.86	−1.71	−0.86	1.72
2	10.7	0.73	2.00	1.00	1.46
3	8.2	0.63	−0.47	−0.23	1.26
4	9.5	1.78	0.75	0.38	3.56
5	10.7	1.79	2.02	1.01	3.58
6	5.9	1.15	−2.75	−1.38	2.29

表 4-36　D-HPC 弹性极限抗拉强度平行对比结果（HRB 模具，强度单位：MPa）

试验单位	$\bar{x}$	s	d	h	k
1	3.9	0.41	−1.98	−1.41	0.83
2	6.7	1.39	0.78	0.55	2.78
3	7.0	0.43	1.05	0.75	0.86
4	6.1	1.29	0.22	0.15	2.58

4.2.5.3　小 8 字模

尽管小 8 字模方法因应力集中、尺寸效应等原因，通常认为不适于掺长纤维的 UHPC 的抗拉性能测试，但考虑到制样和测试方法简单、夹具易得，为考察其可否用于生产控制，仍安排了 3 家单位对其进行了小范围对比试验。3 家单位都提供了抗拉强度值，有一家未提供弹性极限抗拉强度。尽管如此，仍对其进行了统计分析。结果见图 4-9～图 4-10 和表 4-37。由图 4-9 可知，其抗拉强度大致接近正态分布。图 4-10 因数据量少且离散性大，看不出弹性极限抗拉强度是否也近似服从正态分布。从表 4-37 可以看出，除 D 脆性材料外，其余材料的小 8 字模测试强度统计值均较前面各对应轴心抗拉强度统计值大，对应强度比值在 1.0～1.5 之间（表 4-38）。因此，若用于生产质量控制，考虑尺寸效应和数据离散性，可统一取为 1.5 倍×标准要求的轴心抗拉强度指标。

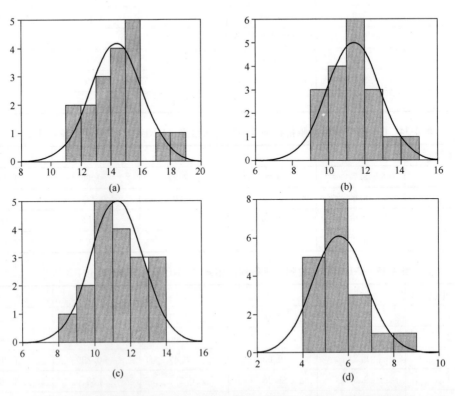

图 4-9　抗拉强度统计分布（8 字模）（横坐标单位：MPa，纵坐标为频次）
(a) A-UHPC；(b) B-UHPC；(c) C-UHPC；(d) D-HPC

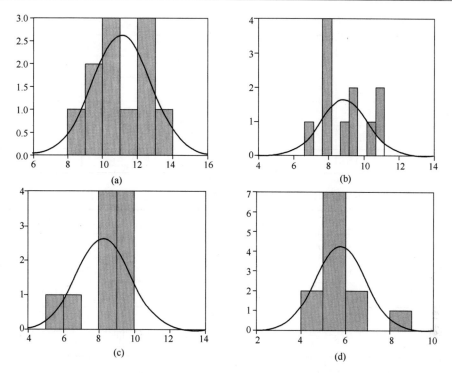

图 4-10　弹性极限抗拉强度统计分布（小 8 字模）（横坐标单位：MPa，纵坐标为频次）

(a) A-UHPC；(b) B-UHPC；(c) C-UHPC；(d) D-HPC

表 4-37　轴心抗拉强度统计分析（小 8 字模，强度单位：MPa）

统计指标	材料	f_{tu}	95％置信区间		f_{te}	95％置信区间		f_{tu}/f_{te}
			下限	上限		下限	上限	
均值	A	14.4	13.6	15.2	11.0	10.0	12.0	1.3
	B	11.4	10.7	12.1	8.8	8.1	9.7	1.3
	C	11.2	10.6	11.9	8.2	7.3	9.1	1.4
	D	5.6	5.1	6.2	5.4	5.1	5.7	1.0
标准差	A	1.7	1.1	2.2	1.8	1.1	2.1	—
	B	1.4	0.9	1.8	1.4	0.9	1.6	—
	C	1.4	1.0	1.8	1.5	0.5	2.0	—
	D	1.2	0.7	1.6	0.6	0.2	0.8	—
方差	A	3.0	1.2	4.9	3.1	1.2	4.6	—
	B	2.1	0.9	3.3	2.0	0.8	2.7	—
	C	2.1	1.0	3.1	2.3	0.3	4.0	—
	D	1.4	0.5	2.5	0.3	0.1	0.6	—
极小值	A	11.6	—	—	8.2	—	—	—
	B	9.1	—	—	6.9	—	—	—
	C	8.4	—	—	5.0	—	—	—
	D	2.3	—	—	3.7	—	—	—

续表

统计指标	材料	f_{tu}	95%置信区间		f_{te}	95%置信区间		f_{tu}/f_{te}
			下限	上限		下限	上限	
极大值	A	13.4	—	—	10.8	—	—	
	B	10.7	—	—	9.8	—	—	
	C	13.1	—	—	12.1	—	—	
	D	8.1	—	—	8.1	—	—	

表 4-38　不同拉伸试验的轴心抗拉强度统计结果对比（强度单位：MPa）

材料	$f_{tu}(8)$	$f_{tu}(x)/f_{tu}(y)$		$f_{te}(8)$	$f_{te}(x)/f_{te}(y)$	
		Total	HRB		Total	HRB
A	14.4	1.5	1.5	11.0	1.4	1.3
B	11.4	1.4	1.5	8.8	1.3	1.4
C	11.2	1.2	1.3	8.2	1.0	1.0
D	5.6	0.9	1.0	5.4	0.9	0.9

注：(8)—代表小8字模测试平均值。

同样参照 ASTM E691—2015 对所测数据进行了统计处理，结果见表 4-39～表 4-43。因弹性极限抗拉强度不够 3 家数据，表 4-39 中的 f_{te} 及相关统计指标仅供参考。

只用抗拉强度的对比统计来考察不同试验室间的数据一致性（表 4-41～表 4-43）。此时，h，k 对应的极限值分别为 1.15 和 1.52。可以看出，不同试验室间的数据离散性与前面的轴心抗拉试验结果相比，相对略好。

表 4-39　不同材料轴心抗拉强度统计结果（小8字模，强度单位：MPa）

材料	f_{te}					f_{tu}					f_{tu}/f_{te}
	$\bar{x}$	$S_{\bar{x}}$	S_r	S_L	S_R	$\bar{x}$	$S_{\bar{x}}$	S_r	S_L	S_R	
A	11.2	1.2	1.0	1.2	1.6	14.4	1.1	0.9	1.0	1.3	1.3
B	8.9	0.5	1.0	0.2	1.0	11.4	0.8	0.8	0.7	1.1	1.3
C	8.0	1.5	0.8	1.5	1.7	11.2	1.1	0.7	1.1	1.3	1.4
D	5.8	0.6	0.8	0.5	0.9	—	—	—	—	—	—

表 4-40　A-UHPC 抗拉强度平行对比结果（小8字模，强度单位：MPa）

试验单位	$\bar{x}$	s	d	h	k
1	15.5	1.99	1.15	1.04	2.21
2	14.1	1.07	−0.35	−0.32	1.19
3	13.5	1.55	−0.90	−0.82	1.72

表 4-41　B-UHPC 抗拉强度平行对比结果（小 8 字模，强度单位：MPa）

试验单位	$\bar{x}$	s	d	h	k
1	12.2	1.10	0.79	0.99	1.38
2	10.6	1.09	−0.83	−1.04	1.37
3	11.4	1.75	0.03	0.04	2.18

表 4-42　C-UHPC 抗拉强度平行对比结果（小 8 字模，强度单位：MPa）

试验单位	$\bar{x}$	s	d	h	k
1	11.9	1.28	0.75	0.68	1.82
2	9.9	0.99	−1.28	−1.17	1.41
3	11.9	1.12	0.66	0.60	1.60

表 4-43　D-HPC 抗拉强度平行对比结果（小 8 字模，强度单位：MPa）

试验单位	$\bar{x}$	s	d	h	k
1	5.3	1.32	−0.30	−0.60	1.89
2	5.4	0.70	−0.22	−0.43	1.00
3	6.2	1.40	0.57	1.13	2.00

4.2.6　抗弯强度试验结果

抗弯强度是常规检测项目。有 9 家单位提供了相关数据（其中一家只提供了 3 条试件数据）。所有数据的统计结果见图 4-11 和表 4-44（统计结果 1）。由图 4-11 可以看出，除

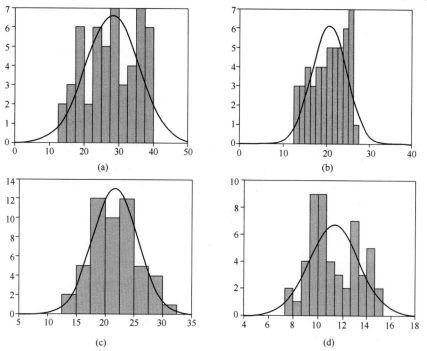

图 4-11　9 家单位抗弯强度统计分布（横坐标单位：MPa，纵坐标为频次）
(a) A-UHPC；(b) B-UHPC；(c) C-UHPC；(d) D-HPC

C-UHPC 外，其他材料的数据均不符合正态分布。

剔除数据不全的系列，选择 7 家数据，重新进行统计，结果见图 4-12 和表 4-44（统计结果 2）。可以看出，数据分布形态未有明显改善。对所选出的 7 家数据，参照 ASTM E691—2015 的要求进行数据处理，结果见表 4-45～表 4-49。

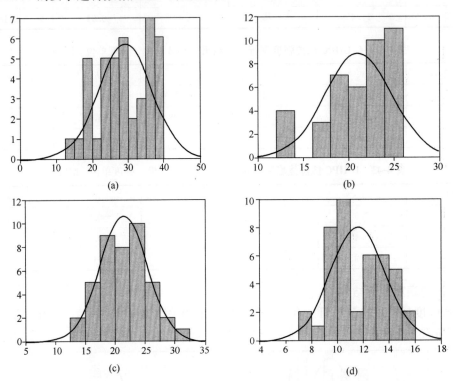

图 4-12　7 家单位抗弯强度统计分布（横坐标单位：MPa，纵坐标为频次）
(a) A-UHPC；(b) B-UHPC；(c) C-UHPC；(d) D-HPC

表 4-45 是四种材料的抗弯强度统计分析结果，各材料的对比结果见表 4-46～表 4-49。表 4-45 同时给出了 A-UHPC、B-UHPC、C-UHPC 材料的平均抗弯强度与其抗拉强度的比值，它随强度等级的提高，在 2.2～2.8 之间变化，平均约 2.5；故若将抗弯强度用于生产质量控制，材料的抗弯强度宜取要求抗拉强度的 2.5 倍为宜。

从表 4-46～表 4-49 中的 h，k（极限值分别为 2.05 和 1.70）大小可以看出，不同试验室间的数据差别较大，数据一致性不强。尽管抗弯强度测试是常规测试，但要做到严格控制并不容易。

表 4-44　抗弯强度统计分析（MPa）

统计指标	材料	统计结果 1	95％置信区间		统计结果 2	95％置信区间	
			下限	上限		下限	上限
均值	A	28.0	25.8	30.1	28.9	26.9	31.3
	B	20.6	19.4	21.6	21.1	19.8	22.2
	C	21.7	20.6	22.8	21.3	20.2	22.4
	D	11.4	10.8	11.9	11.5	10.9	12.1

续表

统计指标	材料	统计结果 1	95％置信区间		统计结果 2	95％置信区间	
			下限	上限		下限	上限
标准差	A	7.8	6.6	8.6	7.4	6.1	8.3
	B	4.1	3.4	4.6	3.7	2.8	4.3
	C	3.9	3.2	4.6	3.8	2.9	4.6
	D	2.0	1.7	2.3	2.1	1.7	2.4
方差	A	60.3	44.1	73.7	54.1	37.3	69.4
	B	16.5	11.8	20.8	13.5	7.9	18.6
	C	15.5	10.2	21.6	14.6	8.5	21.6
	D	4.1	3	5.2	4.3	3.1	5.6
极小值	A	14.3	—	—	14.3	—	—
	B	12.6	—	—	12.6	—	—
	C	14.8	—	—	14.8	—	—
	D	7.5	—	—	7.5	—	—
极大值	A	39.9	—	—	39.9	—	—
	B	27.5	—	—	25.8	—	—
	C	32.3	—	—	32.3	—	—
	D	15.2	—	—	15.2	—	—

表 4-45　抗弯强度统计分析结果汇总（MPa）

材料	$\bar{\bar{x}}$	$S_{\bar{x}}$	S_r	S_L	S_R	f_b/f_{tu}
A	29.1	6.9	1.4	6.9	7.0	2.8
B	21.1	2.9	1.0	2.8	3.0	2.4
C	21.5	2.7	1.2	2.6	2.9	2.2
D	11.6	2.0	0.4	2.0	2.0	—

表 4-46　A-UHPC 抗弯强度平行对比结果（MPa）

试验单位	$\bar{x}$	s	d	h	k
1	24.7	4.29	−4.40	−0.64	3.06
2	38.7	1.35	9.61	1.39	0.45
3	17.5	1.72	−11.61	−1.68	0.57
4	28.5	3.74	−0.62	−0.09	1.25
5	34.8	2.75	5.65	0.82	0.92
6	28.0	4.74	−1.12	−0.16	1.58
7	31.9	5.76	2.75	0.40	1.92

表 4-47　B-UHPC 抗弯强度平行对比结果（MPa）

试验单位	$\bar{x}$	s	d	h	k
1	22.2	3.03	1.05	0.36	3.03
2	23.0	2.15	1.95	0.67	2.15
3	19.9	0.96	−1.24	−0.43	0.96
4	17.4	3.58	−3.68	−1.27	3.58
5	23.0	1.91	1.92	0.66	1.91
6	24.7	0.89	3.61	1.24	0.89
7	17.5	4.25	−3.57	−1.23	4.25

表 4-48　C-UHPC 抗弯强度平行对比结果（MPa）

试验单位	$\bar{x}$	s	d	h	k
1	19.1	3.18	−2.43	−0.90	2.65
2	22.8	1.56	1.33	0.49	1.30
3	17.8	2.71	−3.74	−1.38	2.26
4	19.3	2.88	−2.18	−0.81	2.40
5	24.0	5.17	2.52	0.93	4.31
6	24.4	1.43	2.92	1.08	1.19
7	22.8	4.37	1.30	0.48	3.64

表 4-49　D-HPC 抗弯强度平行对比结果（MPa）

试验单位	$\bar{x}$	s	d	h	k
1	9.4	1.12	−2.23	−1.11	2.79
2	10.7	1.13	−0.92	−0.46	2.82
3	13.9	0.87	2.35	1.17	2.18
4	10.5	0.83	−1.15	−0.57	2.08
5	9.5	1.18	−2.07	−1.03	2.94
6	13.8	0.99	2.15	1.08	2.46
7	13.3	0.73	1.68	0.84	1.82

4.2.7　劈裂强度试验结果

4.2.7.1　立方体劈裂强度试验结果

立方体劈裂强度也是常规检测项目。有 9 家单位提供了相关数据（其中一家提供了 6 条试件，另一家提供了 A 和 D 的 5 条试件数据）。所有数据的统计结果见图 4-13 和表 4-50（统计结果 1）。由图 4-13 可以看出，除 C-UHPC 外，其他材料的数据均不接近正态分布。选择 7 家数据，重新进行统计，结果见图 4-14 和表 4-50（统计结果 2）。可以看出，数据分布形态未有明显改善，且 C 料的数据分布变差。

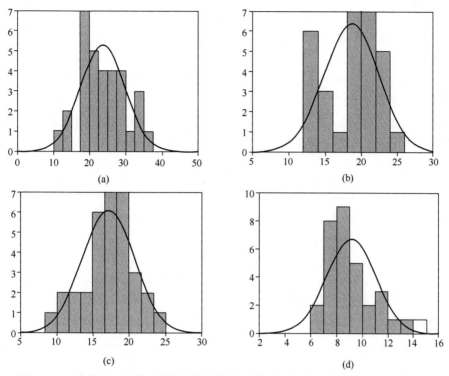

图 4-13　9 家单位立方体劈裂强度统计分布（横坐标单位：MPa，纵坐标为频次）

（a）A-UHPC；（b）B-UHPC；（c）C-UHPC；（d）D-HPC

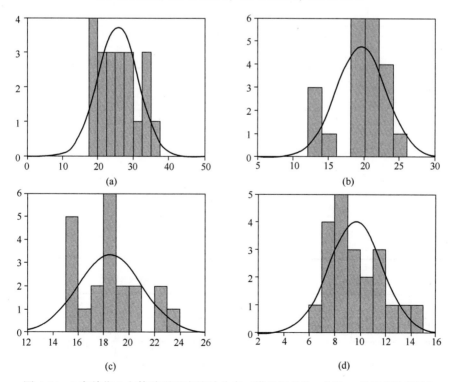

图 4-14　7 家单位立方体劈裂强度统计分布（横坐标单位：MPa，纵坐标为频次）

（a）A-UHPC；（b）B-UHPC；（c）C-UHPC；（d）D-HPC

对所选出的 7 家数据，参照 ASTM E691—2015 要求进行数据处理，结果见表 4-51～表 4-55。表 4-51 是不同材料的立方体劈裂强度统计分析结果。表 4-52～表 4-55 是各材料的立方体劈裂强度对比结果。A-UHPC、B-UHPC、C-UHPC 材料的平均立方体劈裂强度与其抗拉强度之比在 1.9～2.5 之间变化。故若用于生产质量控制，其立方体劈裂强度宜取材料要求抗拉强度的 2.2 倍。

从表 4-52～表 4-55 的 h，k（极限值分别为 2.05 和 2.03）大小可以看出，不同试验室间的数据差别较大，数据一致性不强。尽管立方体劈裂强度属常规测试，但要做到数据可比较，也非易事。

表 4-50 立方体劈裂强度统计分析（MPa）

统计指标	材料	统计结果 1	95％置信区间		统计结果 2	95％置信区间	
			下限	上限		下限	上限
均值	A	23.3	21.0	25.3	25.6	23.2	28.0
	B	18.6	17.3	19.9	19.5	17.9	21.0
	C	17.3	16.1	18.5	18.5	17.5	19.5
	D	9.2	8.6	9.9	9.6	8.8	10.6
标准差	A	6.1	4.6	7.3	5.6	4.2	6.7
	B	3.8	3.0	4.4	3.5	2.2	4.3
	C	3.5	2.5	4.3	2.5	1.7	3.1
	D	1.9	1.4	2.3	2.1	1.4	2.6
方差	A	37.5	21.2	53.5	31.7	17.4	44.7
	B	14.1	9.1	19.0	12.3	4.8	18.6
	C	12.0	6.3	18.6	6.3	3.1	9.8
	D	3.7	1.8	5.4	4.4	2.1	6.6
极小值	A	11.8	—	—	17.8	—	—
	B	12.6	—	—	12.6	—	—
	C	8.9	—	—	15.0	—	—
	D	6.4	—	—	6.4	—	—
极大值	A	36.3	—	—	36.3	—	—
	B	25.2	—	—	25.2	—	—
	C	23.6	—	—	23.6	—	—
	D	14.1	—	—	14.1	—	—

表 4-51 立方体劈裂强度统计分析结果汇总（MPa）

材料	$\bar{\bar{x}}$	$S_{\bar{x}}$	S_r	S_L	S_R	$f_{ct\text{-}cu}/f_{tu}$
A	25.6	4.9	1.4	4.9	5.1	2.5
B	19.5	3.3	0.7	3.3	3.3	2.2
C	18.5	2.2	0.6	2.2	2.3	1.9
D	9.6	2.1	0.3	2.1	2.1	—

表 4-52　A-UHPC 立方体劈裂强度平行对比结果（MPa）

试验单位	$\bar{x}$	s	d	h	k
1	32.4	4.00	6.84	1.40	2.86
2	25.7	2.17	0.07	0.01	1.55
3	23.8	5.84	−1.78	−0.36	4.17
4	21.6	3.44	−4.00	−0.82	2.46
5	31.1	4.05	5.48	1.12	2.89
6	18.5	0.06	−7.06	−1.44	0.05
7	26.1	3.85	0.50	0.10	2.75

表 4-53　B-UHPC 立方体劈裂强度平行对比结果（MPa）

试验单位	$\bar{x}$	s	d	h	k
1	22.8	2.91	3.32	1.01	4.15
2	21.3	1.20	1.78	0.54	1.72
3	13.6	0.87	−5.89	−1.78	1.24
4	20.7	2.23	1.20	0.36	3.18
5	21.8	0.77	2.29	0.69	1.10
6	16.4	3.00	−3.11	−0.94	4.28
7	19.8	0.37	0.33	0.10	0.53

表 4-54　C-UHPC 立方体劈裂强度平行对比结果（MPa）

试验单位	$\bar{x}$	s	d	h	k
1	19.0	1.80	0.49	0.22	3.00
2	22.3	1.53	3.78	1.72	2.55
3	15.4	0.35	−3.05	−1.39	0.58
4	18.6	0.31	0.07	0.03	0.51
5	19.6	3.14	1.08	0.49	5.23
6	18.0	0.10	−0.45	−0.21	0.16
7	16.4	1.86	−2.07	−0.94	3.10

表 4-55 D-HPC 立方体劈裂强度平行对比结果（MPa）

试验单位	$\bar{x}$	s	d	h	k
1	7.4	0.87	−2.20	−1.05	2.91
2	9.1	0.65	−0.53	−0.25	2.17
3	9.1	1.06	−0.54	−0.26	3.53
4	9.4	0.70	−0.20	−0.10	2.33
5	11.4	0.06	1.84	0.88	0.19
6	13.4	0.64	3.76	1.79	2.13
7	7.8	0.91	−1.85	−0.88	3.02

4.2.7.2　圆柱体劈裂强度试验结果

圆柱体劈裂试验为非常规测试项目。因只有 3 家单位提供了相关数据，故只参照 ASTM E691—2015 要求，对其进行了统计分析，结果见表 4-56～表 4-60。

表 4-56 是不同材料的圆柱体劈裂强度统计分析结果。表 4-57～表 4-60 是各材料的圆柱体劈裂强度对比结果。A-UHPC、B-UHPC、C-UHPC 材料的平均圆柱体劈裂与其抗拉强度之比在 1.6～2.2 之间变化。若将其用于生产质量控制，圆柱体劈裂强度宜取材料要求抗拉强度的 2.0 倍。

从表 4-57～表 4-60 中的 h、k（极限值分别为 1.15 和 1.67）大小可以看出，不同试验室间的数据差别较大，但数据一致性较立方体劈裂强度而言略好。

表 4-56 圆柱体劈裂强度统计分析结果汇总（MPa）

材料	$\bar{\bar{x}}$	$S_{\bar{x}}$	S_r	S_L	S_R	$f_{ct\text{-}cy}/f_{tu}$
A	22.4	1.8	0.6	1.8	1.9	2.2
B	17.6	2.9	0.4	2.9	2.9	2.0
C	15.2	3.9	0.9	3.8	3.9	1.6
D	8.4	1.3	0.7	1.2	1.4	—

表 4-57 A-UHPC 圆柱劈裂强度平行对比结果（MPa）

试验单位	$\bar{x}$	s	d	h	k
1	20.4	0.42	−2.01	−1.12	0.70
2	22.8	0.90	0.40	0.22	1.50
3	24.0	1.53	1.60	0.89	2.54

表 4-58　B-UHPC 圆柱劈裂强度平行对比结果（MPa）

试验单位	$\bar{x}$	s	d	h	k
1	14.9	0.64	−2.71	−0.93	1.61
2	17.2	0.42	−0.44	−0.15	1.04
3	20.6	1.01	3.05	1.05	2.51

表 4-59　C-UHPC 圆柱劈裂强度平行对比结果（MPa）

试验单位	$\bar{x}$	s	d	h	k
1	11.9	0.76	−3.35	−0.86	0.85
2	14.4	1.89	−0.78	−0.20	2.09
3	19.4	1.69	4.23	1.08	1.88

表 4-60　D-HPC 圆柱劈裂强度平行对比结果（MPa）

试验单位	$\bar{x}$	s	d	h	k
1	6.9	0.35	−1.49	−1.15	0.50
2	9.4	1.00	1.01	0.78	1.43
3	8.8	1.79	0.41	0.32	2.55

4.2.8　抗渗试验结果

4.2.8.1　RCM 法（GB/T 50082——电迁移 500h）试验结果

表 4-61 是由 RCM 法测得的不同材料中的氯离子扩散系数。可以看出，A/B、C 材料中的氯离子扩散系数值均在 $5 \times 10^{-14} \, \mathrm{m}^2/\mathrm{s}$ 以下。而 D 及掺与不掺纤维的数据较为分散，不同单位间的数据相差几倍至十几倍，造成这一结果的原因与制样品质有关，除去明显不合理的数据，D 类材料中的氯离子扩散系数值多在 $20 \times 10^{-14} \, \mathrm{m}^2/\mathrm{s}$ 以下。

尽管结果离散性较大，但参看表 4-4 和表 4-5 中的抗压强度值即可知道，不一定材料的抗压强度高，它的抗渗性就必然高。

4.2.8.2　NEL 法（T/CBMF 37 标准附录 A）试验结果

表 4-62 是由附录 A 法测得的不同材料中的氯离子扩散系数。可以看出，对于同种材料，不同单位间测得的氯离子扩散系数可相差几倍至十几倍；同一单位不同制样方式也有显著差别；这种差异还与测试人员的测试水平直接相关。

若不严格按照要求成型（1～3），会造成数据严重离散性；若严格成型方式（2b～3），数据一致性相对较好，还可反映出纤维掺入的影响（2b～3）。

若只考虑切割成型试件（2b～3），未掺玻璃纤维的 A/B 料、C 料中的氯离子扩散系数均小于 $2 \times 10^{-14} \, \mathrm{m}^2/\mathrm{s}$，掺玻璃纤维的 D 料中氯离子扩散系数值小于 $20 \times 10^{-14} \, \mathrm{m}^2/\mathrm{s}$。

4.2.8.3　ASTM C1202 试验结果

表 4-63 是不同材料的电通量法测试结果。A/B 料与 C 料试件的电通量值均小于 6C，已落入仪器测量误差范围了。D 料掺与不掺纤维的电通量均小于 50C，掺纤维的略小；但十几库仑的差别，对于此法来讲，已不能说有明显的差别了。故电通量法已不适用于抗压强度大于 100MPa 以上混凝土的渗透性评价了。

表 4-61 不同材料中的氯离子扩散系数 D_{RCM}（$\times 10^{-14}\,\mathrm{m^2/s}$）

试验单位	A/B				C				D				DG				实际通电时间(h)
	1	2	3	平均值	1	2	3	平均值	1	2	3	平均值	1	2	3	平均值	
1	2.69	3.59	4.28	3.59	3.70	2.47	1.13	2.47	4.42	5.42	7.80	5.42	2.77	2.37	1.83	2.32	336/504
2	1.96	1.76	1.87	1.87	1.65	1.65	1.75	1.65	8.48	8.91	6.07	8.69	8.44	8.68	7.64	8.57	542
3	2.40	2.80	3.80	2.60	2.90	3.40	1.40	2.90	41.00	42.00	45.00	—	38.00	NA	NA	—	240~816
4	1.49	1.30	1.49	1.49	3.45	3.42	3.29	3.43	9.57	10.28	12.29	10.28	NA	NA	NA	—	288
5	2.00	3.00	2.70	2.70	1.80	1.80	2.40	1.80	30.80	30.40	—	—	22.10	21.50	25.20	—	500
6	0.10	0.10	0.20	0.10	1.00	1.00	1.30	1.00	14.10	14.40	16.70	14.25	5.80	6.00	6.60	6.00	500
最大值				3.59				3.43				14.25				8.57	

注：平行试验要求通电时间至少为500h；表中 DG 为掺玻纤试样。波动在15%以内取三者平均值，否则取两者平均或取中间值。

表 4-62 不同材料中的氯离子扩散系数 D_{NEL}（$\times 10^{-14}\,\mathrm{m^2/s}$）

试验单位	A/B				C					D					DG				
	1	2	3	平均值	1	2	3	4	平均值	1	2	3	4	平均值	1	2	3	4	平均值
1	0.75	0.57	2.04	0.66	8.44	6.98	2.12	—	7.71	9.79	8.94	3.32	—	9.37	2.76	2.16	4.09	—	2.46
2a	0.71	0.75	0.80	0.73	24.52	25.10	28.22	—	—	3.48	3.65	4.86	—	3.57	1.77	1.67	1.64	—	1.69
2b	0.49	0.48	0.72	0.48	1.24	1.06	0.66	0.42	1.15	2.89	2.73	3.46	5.26	3.02	6.29	6.23	5.55	6.26	6.26
3	0.63	0.60	0.56	0.60	0.86	0.89	0.88	0.88	0.88	4.47	4.47	4.21	—	4.47	3.97	3.99	4.47	9.49	4.14
最大值				0.73					7.71					9.37					6.26
平均值（2b、3）				0.54					1.01					3.74					5.20

注：1、2a 为50mm厚的浇注试样；2b、3 为由长试件中切割出的50mm厚的试样。波动在15%以内取三者平均值，否则取两者平均或取中间值。

表 4-63 不同材料的电通量试验结果（C）

试验单位	A/B				C				D				DG			
	1	2	3	平均值	1	2	3	平均值	1	2	3	平均值	1	2	3	平均值
1	8.23	5.37	4.96	6.19	6.73	7.73	6.67	7.04	68.07	46.04	51.76	55.29	17.58	24.65	17.55	19.93
2	4.73	4.73	4.73	4.73	4.26	4.26	4.26	4.26	44.65	44.65	44.65	44.65	50.38	50.38	50.38	50.38
平均值				5.46				5.65				49.97				35.15

注：波动在15%以内取三者平均值，否则取两者平均或取中间值。

4.2.9　抗磨试验结果

4.2.9.1　DL/T 5150——水下钢球法

武汉大学承担了 UHPC 抗冲磨性能试验，负责水下钢球法和风砂枪法测试。表 4-64 是不同材料的水下钢球法抗冲磨强度试验结果。可以看出，A-UHPC、B-UHPC、C-UHPC 的抗冲磨能力差别不大，是 D-HPC 试件的 5～6 倍。

表 4-64　不同材料抗冲磨强度 $[h/(kg/m^2)]$

试样	A	B	C	D
1	41.1	95.8	50.0	13.0
2	69.5	37.9	72.9	10.2
平均值	55.3	66.9	61.5	11.6

4.2.9.2　DL/T 5150——风砂枪法

表 4-65 是不同材料的风砂枪法抗冲磨强度试验结果。可以看出，A-UHPC、B-UHPC、C-UHPC 的抗冲磨能力差别不大，约是 D-HPC 试件的 2～3 倍。

表 4-65　不同材料抗冲磨强度（h/cm）

角度	A	B	C	D
90°	12.03	10.45	12.44	3.78
45°	13.70	12.99	13.68	5.54

注：石英砂下砂速率 129g/s，风压 0.6MPa，单次冲磨时间 3.5min，冲磨 4 次。

4.2.9.3　华南理工大学——水砂枪法

华南理工大学采用水砂枪法，对 UHPC 的抗冲磨性能进行了测试。表 4-66 是不同材料的水砂枪法试验结果。可以看出，在两种冲磨水压下，A-UHPC、B-UHPC、C-UHPC 的抗冲磨能力均略优于 D-HPC 试件。

表 4-66　不同材料抗冲磨强度（h/cm）

冲磨水压（MPa）	A	B	C	D
2.4	26.00	26.43	25.33	23.09
10	0.69	0.70	0.67	0.61

注：冲磨角度为 30°，冲磨 10 次。

从上述抗冲磨试验结果看，在区分度上，风砂枪法具有一定优势。水砂枪法试验条件较为苛刻，水下钢球法仍可采用。可根据实际需要选用合适的试验方法。

4.2.10　收缩试验结果

江西贝融公司对四种材料（均掺有纤维）的初、早期变形进行了测试，结果见图 4-15 和表 4-67。测试结果显示，四种材料的初期收缩较大，初凝时化学减缩产生的单向自由收缩达到 2700～3400 个微应变；48h 时，总自由收缩值到达 3400～3900 个微应变，其中，自收缩为 250～350 个微应变。

目前为止，采用附录 E 试验方法测量 UHPC 初、早期收缩特性的试验数据还较少，需进一步积累数据。本次试验证实，附录 E 的波纹管法测量 UHPC 初早期自由变形，灵

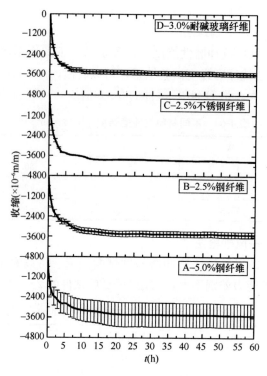

图 4-15　四种材料 60h 内的早期变形

敏度较高。

另外，现有数据虽不足以代表整体 UHPC 材料的收缩特性，但提醒我们重视：（1）UHPC化学减缩产生的体积收缩量较大；（2）自收缩发生时间较早，评估 UHPC 自收缩时不应忽略 1d 或 2d 内的自收缩量。

表 4-67　不同材料的 60h 收缩值（$\times 10^{-6}$ m/m）

材料	A	B	C	D
t_1（初凝时间，h）	4.625	4.98	4.12	3.70
t_1 自由收缩 ε_1	2773	2730	3412	3015
t_2（终凝时间，h）	9.98	9.28	6.08	6.0
t_2 自由收缩 $\varepsilon_1 + \varepsilon_2$	3166	3200	3541	3272
$t_3 = 24$h 时自由收缩 $\varepsilon_1 + \varepsilon_2 + \varepsilon_3$	3430	3427	3822	3453
$t_3 = 24$h 时自收缩 ε_3	264	227	281	181
$t_3 = 48$h 时自由收缩 $\varepsilon_1 + \varepsilon_2 + \varepsilon_3$	3446	3439	3881	3519
$t_3 = 48$h 时自收缩 ε_3	280	239	340	247
$t_3 = 60$h 时自由收缩 $\varepsilon_1 + \varepsilon_2 + \varepsilon_3$	3491	3483	3937	3565
$t_3 = 60$h 时自收缩 ε_3	325	283	396	293

4.3　总结

（1）抗压强度：A/B、C 预混料基底的立方体抗压强度约为 150MPa，D 料的约为

140MPa。按要求掺入纤维后，A、B、C、D 试件的平均立方体抗压强度分别为 180.5MPa、161.3MPa、156.1MPa 和 110.7MPa；D 料未满足原设定要求。可以看出，纤维掺量和种类不同，均会影响材料的立方体抗压强度。钢纤维的掺入提高了试件的立方体抗压强度，玻璃纤维的掺入降低了试件的立方体抗压强度。

（2）轴心抗压强度：A、B、C、D 试件的平均轴心抗压强度与其平均立方体抗压强度之比为 0.82～0.90。

（3）轴心抗压弹性模量：A、B、C 试件的轴心抗压弹性模量约为（48.0±1.0)GPa；D 试件的为 44.4GPa。

（4）抗拉强度：除个别单位制备的部分 A、C 试件达到 UT10 等级外，其余 A、C 试件及个别 B 试件多满足 UT07 等级要求；其余的 B 试件满足 UT05 等级要求。尽管部分 D 试件的弹性极限强度超过了 5MPa，因其明显的脆性断裂行为，故不将 D 试件归于 UHPC。小 8 字模试件的测量值约是哑铃试件相应值的 1.0～1.5 倍。

（5）抗拉弹性模量：A、C 试件的抗拉弹性模量与其轴心抗压弹性模量接近，B、D 试件的则低于其轴心抗压弹性模量 6～7GPa。

（6）抗弯强度：A、B、C 试件的平均抗弯强度与其抗拉强度之比为 2.2～2.8。

（7）劈裂强度：A、B、C 试件的平均立方体劈裂与其抗拉强度之比为 1.9～2.5；而圆柱体劈裂强度与其抗拉强度之比为 1.6～2.2。

（8）抗渗性能：A/B、C 试件 500h 的 RCM 法显色深度多在几毫米以内，ASTM C1202 的测量结果多在几个库仑以下，均已不适于 UHPC 的抗渗性能检验；NEL 数据离散性也较大，但 A/B、C 试件的氯离子扩散系数均小于 $2×10^{-14}m^2/s$，D 试件的氯离子扩散系数值均小于 $20×10^{-14}m^2/s$。

（9）抗磨性能：UHPC 的抗磨性能有显著提高；从试验方法看，风砂枪法在耐磨性能区分度上有一定优势；水砂枪法较为苛刻，水下钢球法仍可采用。

（10）早期收缩：四种试验材料的初期收缩较大，48h 时总自由收缩值可达 3000 微应变以上，其中自收缩约为 300 微应变。故对于 UHPC，应关注其早期收缩问题。

（11）数据离散性：本平行试验数据离散性偏大，需在今后实际生产中更多地积累数据，以利于后续 UHPC 标准的修订和技术推广。

附录 早期变形与自收缩试验方法-波纹管法

1 范围

本附录规定了超高性能混凝土早期变形与自收缩试验方法的波纹管法。

本方法适用于超高性能混凝土的塑性、凝结、硬化各阶段变形及自收缩的测定。

2 试验原理

采用放置在水平钢棒支架上、两端密封的波纹管来测量混凝土的早期变形，使模具对混凝土的变形约束可以忽略，从而可准确测定混凝土从新拌塑性状态至凝结和硬化全过程的单向自由体积变形。

塑性、凝结、硬化阶段分别指初凝之前、初凝至终凝、终凝之后的阶段。各阶段对应的时间分段点，可由连续记录的变形-时间曲线上的拐点来确定。结合不同拐点，可确定混凝土在早期各阶段的变形量和自收缩大小。

3 试件模具、试件尺寸和数量

3.1 试件模具：试件模具为不透气的钢丝增强聚氨酯（PU）波纹管，其内、外径尺寸分别为 $\phi50mm$ 和 $\phi57mm$，长为 425mm；波纹管两端用圆形密封端盖尺寸见附录图 1.1，材质为聚甲醛（POM）塑料。

3.2 试件尺寸：试件为注入波纹管内的混凝土柱，密封好的混凝土试件初始长度 l_0 ≥400mm。

3.3 试件数量：3 个试件。

4 试件制作

4.1 按 3.1 要求，裁剪波纹管，将两端钢丝各剥除一段，剥除长度约 15mm，使波纹管与密封端盖紧密接触，以保证波纹管的密闭。

4.2 先将波纹管一端密封，用喉箍箍紧，并保证密封。

4.3 将一端密封的波纹管，放置于一垂直的直径略大于波纹管的钢管或 PVC 管中，以确保试件浇筑过程中波纹管的稳定性。

4.4 将新拌的超高性能混凝土缓慢注入波纹管中，如果需要，可插捣或在波纹管外壁轻轻敲击，以排除气泡，确保波纹管内混凝土充填密实。

4.5 将波纹软另一端密封，用喉箍箍紧并确保密封。

5 试验装置

5.1 变形测量装置：包括如附录图 1 所示的试件支架和位移传感器，及测长用千分尺。

5.2 试件支架：宜用柯瓦合金或热膨胀性小的耐蚀合金钢制作，长度≥480mm，端板尺寸为100mm×80mm×10mm，支撑钢棒尺寸为ϕ20mm×520mm；据位移传感器引伸杆直径大小和平放试件密封端盖的中心位置，设置位移传感器的固定孔位置。在整个测试周期内，测试架应保持稳定，不得移动。

5.3 位移传感器：宜采用测量精度不低于0.001mm的位移传感器，可采用数显千分表。

5.4 测长千分尺：测长范围≥500mm、精度为0.02mm的千分尺。

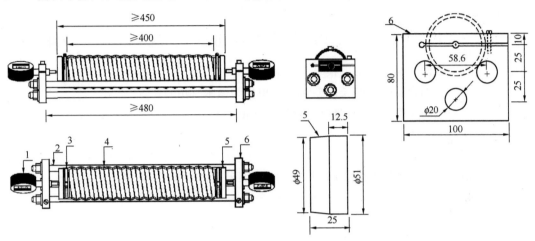

说明：

1）图中尺寸单位为毫米（mm）；

2）1—位移传感器；2—支撑钢棒；3—喉箍；4—波纹管及混凝土试样；5—密封端盖；6—端板。

附录图1

6 试验步骤

6.1 测试环境温度宜稳定于（20±2）℃。

6.2 将制作好的试件平直放于试件支架，调整试件两端密封端盖与位移传感器引伸杆垂直且良好接触。

6.3 开始测量时间宜控制在自加水搅拌后的30min内，初始读数宜在试样置于试件支架上静停10min后开始。

6.4 测量试件初始长度l_0。用测长千分尺测量波纹管内的混凝土试件长度，测量值应精确至0.02mm。

6.5 数据记录

6.5.1 连续记录试件两端长度变化量Δl_1和Δl_2。

6.5.2 测量总时长不小于3d，数据采样间隔时间宜小于5min。用同一试件测量超高性能混凝土的自收缩时，总测量时长宜达90d以上，14d龄期后的数据采集间隔可适当调大。

6.5.3 测量过程中，应注意观察试样的平直性，如发现弯曲，应拍照、量测并记录。

7 试验结果计算与分析

7.1 测试结果计算

按式 1，计算被测试件的变形值，取三个试件的平均值，作为被测超高性能混凝土的变形值。

$$\varepsilon = \frac{\Delta l_1 + \Delta l_2}{l_0} \times 10^3 \qquad \text{（附录式 1）}$$

式中　　ε——试件的早期变形，换算为微应变（$\times 10^{-6}$）；

Δl_1 和 Δl_2——分别为试件两端长度变化值，单位为微米（μm）；

l_0——试件长度初始值，单位为毫米（mm）。

7.2 变形分析

7.2.1　按附录图 2，由 7.1 得到 ε-t 平均曲线确定出 t_1、t_2 和 t_3，以及 ε_1、ε_2 和 ε_3。

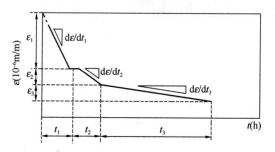

说明：

1) t_1—初凝前的塑性段时间；t_2—初凝至终凝的凝结段时间；t_3—终凝后硬化段时间；

2) dε/dt_1—塑性阶段变形速率；dε/dt_2—凝结阶段变形速率；dε/dt_3—硬化阶段变形速率；

3) ε_1—塑性阶段变形量；ε_2—凝结阶段变形量；ε_3—硬化阶段变形量。

附录图 2

7.2.2　ε_3 即被测超高性能混凝土的自收缩量。

8 试验报告

8.1　由 7.1 计算出的试件平均变形-时间（ε-t）曲线。

8.2　由 7.2 得到的自收缩值。

试验说明：

本试验方法适用于骨料粒径不大于 10mm、纤维长度不大于 16mm 的 UHPC 拌合物的早期变形测定。

试验要点如下：

（1）波纹管的密封操作宜快速、熟练，可事先用水代替混凝土进行练习；

（2）宜事先测定混凝土的初凝、终凝时间；

（3）混凝土的搅拌、灌注、振捣、波纹管端口的清洁与密封、试件安装与初长测试等环节操作均宜快速、熟练，以保证开始记录时间早于初凝时间 15min 以上；

（4）可根据变形-时间（ε-t）曲线的微分曲线来分析并确定附录图 1.2 中各时间拐点。

编 后 语

您在读完本书之后，也许会说，UHPC 没什么神奇之处，只不过是一种抗拉强度和抗压强度更高一些的纤维增强水泥基复合材料罢了！它的初裂强度（弹性极限抗拉强度）与无纤维的水泥基本体相比高出不多，弹性模量也大体相近；即使有应变硬化，其峰值强度也通常不超过初裂强度的 1.5 倍，极限拉应变也不存在固定的统计值，这些都与传统纤维增强混凝土相似，没必要把它捧上天！

的确，作为结构工程师，您当然可以把无纤维的 UHPC 本体当作高强水泥基材料来用，您也可以根据实际需要来给它配筋，掺纤维，或是混和用之。重要的问题是，UHPC 本体那几个兆帕的抗拉强度到底该如何用？

作为材料工作者，我们很希望结构工程师在了解 UHPC 的力学性能之后，更多地去关注一下它那优异的抗渗性！这是它区别于所有过往混凝土的最显著特性，没有这一特性，它将黯然失色！

业主们总是希望结构物的投资少、寿命长。尽管大家天天讲全寿命周期成本分析，可是现在只要一提 UHPC，不少人就鄙夷其高的材料成本，没人去关心它有可能提供几十倍甚或上百倍于过往混凝土的使用寿命！

当前 UHPC 应用的真正阻力不是缺乏廉价的 UHPC 材料，不是缺乏结构设计标准，而是人们根深蒂固的不当观念！当您怀着一颗平等心，在认识和了解 UHPC 及其多样性以后，您肯定会喜欢它的！无论它是应变硬化的，还是应变软化的，都有它的用处。

当然，任何人或事物都不是完美的，UHPC 也一样。它的耐化学腐蚀性、耐磨性和耐火性尚未达到令人惊讶之地，还有很大发展空间。

在您深入了解 UHPC 后，您或许能体会到我们编写此书的初衷和困难之处。我们没有能力告诉大家该如何去用 UHPC，如何用好 UHPC。我们只是按自己的一管之窥解说了一下 UHPC 的基本特性。如何经济地、科学地、合理地利用 UHPC 来创新结构理应是结构工程师的事！不过，既有结构的修补加固、外部装饰，轻薄曲壳结构，防爆耐压工程等似乎是显而易见的可用之处。

对于材料工程师，还有许多值得去做的工作，如减小和控制现浇 UHPC 的早期收缩，工厂预制 UHPC 的模板设计、表面质量与尺寸控制，使纤维均匀分布的成型方法等；开发出满足设计师各种不同要求的 UHPC 当是分内之事。而对于结构工程师来讲，若能开发出简单易用的 UHPC 结构设计与分析软件，那是再好不过的事了。

没人怀疑 UHPC 将在本世纪里绽放光彩，但在哪里绽放，如何绽放，就要看大家的智慧和用心了！

于北京
2019 年 5 月 31 日